U0029594

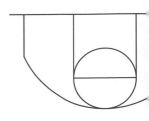

生涯智庫
14

NBA

戰場
得勝智慧

36 位偉大球星的
思維×策略×實踐

原書名:《NBA×MBA:36位NBA巨星球場上的
職場生存和自我管理智慧》

紀坪———著

目次

第二部
技術 × 知識 × 策略

第三部
體能 × 天賦 × 實踐

作者的話

　　NBA籃球，陪伴著我走過很長的一段青春歲月。學生時代，每一次的下課，每一次的放學，不是與狐群狗黨泡在球場上打籃球，就是聊NBA話題、看NBA比賽、讀NBA雜誌，玩NBA電動。

　　打過班隊也打過系籃，然而得到最大的體悟，就是以我的天賦條件，不要說打職籃，即使是在公園打鬥牛，都很難成為一個「明星球員」。

　　那怎麼辦？

　　山不轉人轉，用「打」的沒辦法打到頂尖，不如就出一張嘴用「寫」的吧！

　　於是這本書就在如此「沒出息」的初衷裡誕生了……

　　瞬息萬變的NBA球場，其實就像是職場及商場的縮影，而球星的職涯故事，就成了我們的最佳教材。

　　本書將NBA籃球結合MBA商管思維，分為三大部，分享他們場上得勝的智慧，分別著重在談：心、技、體。

「心」指的是心態、思維、態度。

「技」指的是技術、知識、策略。

「體」指的是體能、天賦、實踐。

雷霸龍‧詹姆斯教會我們鍛造個人心智的關鍵性！

麥可‧喬丹教會我們打造個人品牌的價值性！

柯比‧布萊恩教會我們磨練個人能力的重要性！

此外，身為球隊領袖，該如何領導球隊往前走？又如何激勵
隊友成長？身為一片綠葉，當天賦不如人時，該如何行銷自己找
到出頭的機會？

如何從一片紅海中找到自己的定位？又如何創造屬於自己的
藍海，贏得勝利？

本書將透過NBA球場上三十六位球星的職涯故事及商管哲
學，了解他們生存和求勝的智慧，以及他們自律的態度。

謹以此書，敬咱的籃球青春歲月。

第一部
心態×思維×態度

壓力

雷霸龍‧詹姆斯　LeBron James

　　一個球星的養成是需要時間的，所以當一個年輕球員剛加入聯盟時，通常不會受到太多的苛求，不會承受過重的壓力，能夠循序漸進地成長，直到準備好成為球隊領袖時，才有機會接下更重的擔子。

　　卻有一位球員，他的成長軌跡是罕見且獨一無二的，在他僅僅是一個高中生時，還尚未打過任何一場的NBA比賽，就被所有人視為NBA的未來招牌，NIKE還開出天價合約簽下他作為代言人，承受著與他年紀完全不相符的期待及壓力，他是詹姆斯。

　　詹姆斯在高中時就已經鋒芒畢露，大家認為他已經擁有足以挑戰NBA的所有條件，也因此，詹姆斯高中畢業時，幾乎沒有一所大學妄想要招募他，因為所有人都知道，詹姆斯的舞台早已鎖定在NBA。詹姆斯也毫無懸念地成為了2003年的選秀狀元，加入騎士隊。

面對這樣的壓力，詹姆斯的表現如何？

在生涯的首場賽事中，詹姆斯就展現出過人的抗壓性，全場得到了25分、9助攻、6籃板、4抄截的全能數據，命中率更高達六成以上。

新秀年詹姆斯的個人數據為20.9分、5.5籃板、5.9助攻，拿下了年度新人王的頭銜，迅速成為聯盟中的超級新星。麥克·畢比（Mike Bibby）便曾讚賞詹姆斯說：「他是位真正的天才，他處理球的那種沉穩表現，根本就像一位NBA的老手。」

到了第二個球季，詹姆斯的個人數據成長到了27.2分、7.4籃板、7.2助攻的巨星表現，被球迷票選為明星賽的先發球員。從此之後，長達十五個球季，他都是明星賽及年度球隊理所當然的成員。

只用了短短幾個球季，詹姆斯就從一個高中生，變成一個必須完全扛下球隊勝負，甚至扛下整個NBA招牌的巨星。除了擁有過人的身體天賦外，詹姆斯最大的資本在於心理素質，擁有強悍的「抗壓力」，能夠逆勢成長。

抗壓力及批評

因為這些超乎常人的期待及禮遇，讓詹姆斯所面對的檢視及批評，也是NBA史上前所未有地高，任何的毛病都能被熱議。

有人認為他投籃姿勢難看，有人認為他上籃有偷步嫌疑，有人認為他獨善其身，淹沒隊友光芒，還有人認為他雖然年年打進總決賽，但亞軍拿的比冠軍還多，是個亞軍王，甚至就連長相顯老及髮線上移這種與籃球無關的事，也常常成了網友們揶揄的目標。

　　可以說，詹姆斯從十八、九歲開始，就已經飽受世人嚴格的檢視及批評至今。面對批評，詹姆斯的態度卻頗有學問，他說：「我喜歡他人的批評，它將讓你變得更強大。」

　　什麼意思？

　　邁爾康‧富比士（Malcolm Forbes）曾說：「如果沒有人批評你，你就不太可能會成功。」沒有一個成功的「咖」是不被人批評的，如果你愈「大咖」，那麼批評的聲音就會愈大聲；一個不是咖的人，其實別人根本懶得開口討論你。當有愈來愈多的人拿起放大鏡檢視你，從你的雞蛋裡挑骨頭時，就代表你快是個咖了。

　　面對他人批評，詹姆斯通常不會花費太多的力氣去回應，而是只做好自己的事。如果有人拿石頭扔你，別丟回去，留下來當作自己的基石吧。

　　而這正是面對壓力最好的態度，所以詹姆斯成為聯盟的得分王、拿下四座總冠軍、四座年度MVP，更幾乎打破所有史上最

年輕紀錄，2022－23年球季，他更一舉打破紀錄，成為NBA史上總得分榜的第一人。

壓力

壓力指的是面對威脅或挑戰時，心裡所可能產生的情緒狀態。然而想要有所成就，就需要具有一定程度的抗壓力，才能將壓力轉化為動力。對於詹姆斯來說，正因為他承擔了夠大的壓力，他才能成就夠多的可能。

事實上，壓力的存在並不是「好」或「壞」能夠二分法的問題。適當的壓力，能夠強化人們的活力、思考力，發展潛能去完成更多的可能，所以，適當的壓力是具有正效果的。反之，過大或是不必要的壓力，反而只會讓一個人失去動力，一蹶不振，產生反效果。

詹姆斯貴為聯盟招牌球星，第四個球季就能夠率領球隊殺入總冠軍賽，更是總冠軍賽的常客，但卻始終與冠軍差了臨門一腳。於是2010－11年球季，他選擇來到熱火隊，與德韋恩・韋德（Dwyane Wade）及克里斯・波許（Chris Bosh）組成了三巨頭，才終於在2012、2013年球季完成了二連霸。

然而即使如此，人們仍然多有批評，認為詹姆斯既然身為超級球星，就應該憑藉著一己之力率領球隊攻頂，不應該「抱

團」。

　　如果從「壓力」的角度來看，詹姆斯的「抱團」或許頗具學問。事實上，如同隊上沒有明星級的隊友，或是直接加入擁有一票明星隊友的冠軍隊，可能都不是一件好事。前者壓力太大，離冠軍遙不可及。後者壓力太小，不具挑戰性。從這個角度來看，詹姆斯或許正是選擇了一個最適當的壓力結構，仍然扮演球隊第一人的角色，但為自己找來足夠的助力。

　　2014－15年球季，詹姆斯又選擇回到了騎士隊，並於2015－16年球季再次率領球隊打進總冠軍賽，然而，當前四場比賽打完時，騎上隊陷入了一勝三敗的絕對劣勢。事實上，在NBA的總冠軍歷史上，根本沒有一支球隊能夠在這種情況下逆轉奪冠。

　　詹姆斯卻挺住了壓力，打破了這個禁錮。在接下來的比賽中完成三連勝，為騎士隊拿下隊史上的第一座總冠軍。詹姆斯冠軍賽七場平均29.7分、11.3籃板、8.9助攻、2.6抄截、2.3阻攻，五項數據皆為兩隊之冠，幾乎一肩扛起球隊攻守方的所有重責。

　　能夠與壓力為伍，才能與成就共舞。

轉念

卡梅羅‧安東尼　Carmelo Anthony

　　2016年的奧運籃球比賽，被稱為「夢幻隊」的美國奧運男籃隊，在歷經了幾場驚險的硬仗後，最終以全勝戰績拿下2016年的奧運金牌。在成功達成目標後，美國隊隊長安東尼掉下了英雄淚，並宣告自己將從美國國家隊退役。

　　安東尼從2004年就開始代表美國隊出征雅典奧運，那年他僅僅是一個二十歲的小伙子，在奧運場上平均僅能拿到二‧四分，而更讓人沮喪的是，當年「夢幻隊」的表現差勁極了，整整吞下了三場敗仗以銅牌作收，這也是美國隊以NBA球員參戰奧運僅有的三場敗仗，這支代表隊又被人戲稱為「夢魘隊」。

　　這樣的慘痛經驗，卻讓安東尼對於效力國家隊，有了更深的使命感。2008年北京奧運、2012年倫敦奧運，2016年里約奧運，他都義不容辭地披上國家隊戰袍出征，並連續三屆以全勝的戰績，奪回三面奧運金牌。

要知道，對於一名身價上億美金的NBA球星而言，出征奧運並非一件好差事，除了必須面對體力調節及受傷風險外，有些奧運主辦國還有人身安全的問題，因此多數的經理人及老闆都不太支持球星參加奧運比賽，也導致近年美國奧運男籃的成軍不易。

在這樣的氛圍下，安東尼卻願意為美國隊連續四屆出征奧運，從一個二十歲的小伙子打到三十多歲，他在四屆的奧運比賽中一共為美國隊砍進三百六十八分，為美國隊隊史的得分王、籃板王，更是歷史上第一位擁有三面奧運金牌的籃球員。

奧運金牌！ NBA冠軍戒指？

2003－04年的選透大會，被譽為千禧年之後最傑出的一個梯隊，這一年的新秀一共產出了九位曾經參與明星賽的球星。而其中名氣及成就最響亮的四個人，分別是第一順位的雷霸龍‧詹姆斯（LeBron James）、第三順位的安東尼、第四順位的克里斯‧波許（Chris Bosh），及第五順位的德韋恩‧韋德（Dwyane Wade）。這四人不但幾乎年年入選全明星賽，更囊括了不少聯盟中的重要獎項。

然而，即使安東尼個人表現不俗，還曾搶下得分王的殊榮，卻是四人當中惟一一位指上猶虛，不曾拿到總冠軍的球星，這也讓他在不少的評論中屈居下風。若只從奧運場上的成就來看，他

卻可能是最亮眼的一人。

　　安東尼從第一個吞下奧運敗仗的美國NBA球員，蛻變成為第一個擁有三面奧運金牌的籃球員，這三面金牌對他而言深具意義，他在受訪時表示⋯⋯

　　「若有三面奧運金牌，沒有冠軍戒指也無妨。」

　　「我不會把奧運金牌，拿去跟任何東西交換。」

　　然而，有些評論對這些話提出了質疑：身為NBA職業明星球員，拿不到NBA冠軍戒指，就改成追求奧運金牌，是否有些逃避或取巧心態？

　　實則不然！

　　NBA冠軍戒指及奧運金牌，都有其不可取代的價值及代表性。若從稀有性來看，四年舉辦一次的奧運金牌可能更顯難得，所以根本沒有辦法分出高低。像安東尼這樣的轉念，其實並非放棄原有目標，而是為自己找到更多元的價值及目標，因為所有富足的人，往往都不會只有「一份成績單」。

學會轉念，別讓自己只有一份成績單

　　美國學者馬濟洛（J. Mezirow）曾於1978年提出觀點轉換理論的思維，並認為觀點的轉換具有某些過程，以重塑新的觀點，迎接新的路線。

當面臨某些困境時，舊有的方法或價值無法解決，就必須開始重新進行自我的檢視，將原先的角色重新評估及定位，找到一個新的方向。在新的角色中建立自信及能力，計畫新的行動，並得到足以實現計畫的知識及技能，最後投入新的角色，站在新的觀點及基礎上，成為銳變後的角色。

不少人窮其一生，可能都在追求及執著單一目標，這可能反而讓自己的一生更顯匱乏。能夠適時地轉念，轉換新的觀點，才有可能找到更好的方向。

學生時代，有些人將「課業分數」視為惟一追求的成績單。

出了社會，有些人將「薪水高低」視為惟一追求的成績單。

當了老闆，有些人將「銷售數字」視為惟一追求的成績單。

有趣的是，這些追求惟一成績單的人，通常反而因此有所侷限，最終的表現也不會太好。

出了社會後能有好表現的人，通常在學生時代就培養了一些課業外的競爭力，並和同儕的人際關係維持得不錯。在職場上能有好表現的人，通常都很重視自己工作的成就感及未來發展，也重視工作外的自我充實，不會只盯著薪水條上的數字。而能有所作為的老闆，通常在營業額之外，一定會照顧員工的福利，並適時地回饋社會。

一個NBA球員的成功與否，也不能單以NBA冠軍戒指來衡

量。有些球員職業生涯一冠未得，然而他的球場精神，仍然成為當代球迷最感動的共同回憶；有些球員一冠未得，卻將他在NBA的所得及經驗，全心投入在家鄉的公益中，成為受人景仰的家鄉英雄。安東尼雖然一冠未得，但他為國家隊的付出，仍然成為他籃球生涯中重要的功勳，更是美國男籃在奧運比賽中最具代表性的球星。

　　如果永遠只追求「單一」目標又不可得，反而容易限制了更多的可能性。只追求一份成績單的人生太無味，別讓自己只有一份成績單！

選擇

凱文・杜蘭特　Kevin Durant

2015－16年球季，NBA球星杜蘭特率領雷霆隊一路打進了西區決賽，與衛冕軍金州勇士隊爭奪總冠軍賽門票。雷霆在前四場比賽中取得了3：1的絕對優勢，前景似乎一片看好，讓人沮喪的是，他們竟然在接下來的比賽中連吞三場敗仗，拱手將已經快到手的總決賽門票讓給了勇士隊。

球季結束後，雷霆隊的主將杜蘭特卻宣布加盟打敗他們的勇士隊，為聯盟投下了一顆震撼彈，而為此抨擊杜蘭特的聲浪也排山倒海而來。

「打不過，就加入他？」這是身為一個球星該有的選擇嗎？

杜蘭特是個什麼樣的球星？

杜蘭特在NBA的九年光陰，全部都奉獻給了雷霆隊，曾經拿下一次年度MVP，四次得分王，生涯每場有二十七的平均得

分，是目前所有的現役球員中，得分王次數及平均得分最高的一人。

　　杜蘭特的官方身高6呎9吋（約206公分），實際身高則將近7呎（約213公分），同時擁有7呎5吋（約226公分）的優異臂展，事實上，在聯盟中擁有這種天賦條件的球員不多，且幾乎都仰賴著這些優勢在禁區討生活。然而，杜蘭特卻選擇了一條不同的路線，他只將這些天賦作為一種輔助的優勢，自己卻在最需要練習的投籃能力上下苦工。

　　在NBA有一項用來衡量超級射手的50－40－90標竿，這標竿必須在單季內同時達成：50%以上的命中率投進超過三百球，40%以上的三分球命中率投進超過五十五球，超過90%的罰球命中率投進超過一百二十五球。在這樣嚴荷的標準下，整個NBA歷史中僅有七位球員曾經達成，而杜蘭特則是其中最年輕的。

　　身材、速度及彈性仰賴天賦居多，投籃則必須憑藉後天的練習及努力，從他在投籃數據的表現上來看，與其說杜蘭特是個天才，其實他更像是一個努力不懈、靠後天鍛鍊而成的球星。杜蘭特認為：「天才不努力時，努力將擊敗天才。」身為一名職業球員，杜蘭特的敬業態度其實已經難以挑剔。

順應內心的選擇，比滿足他人期待更重要

隨著轉隊，杜蘭特成了眾矢之的，因為在眾人的價值觀中，身為一名英雄球星，就應該要身先士卒，將球隊帶向榮耀，即使最後鞠躬盡瘁一冠未得，也能成為一個受人敬仰的悲劇英雄。然而這種做法真的適合杜蘭特嗎？

2014-15年球季，杜蘭特因傷只出賽二十七場比賽，2015-16年球季即使找回球星身手，也只能屈居年度第二隊，還比不上入選年度第一隊的隊友羅素‧衛斯特布魯克（Russell Westbrook），而從這支球隊未來的發展來看，距離冠軍似乎永遠就是差了那麼一點點，繼續走下去會不會更好？其實沒人有把握。

在決定加入勇士前的招募會議中，杜蘭特只關心一件事：「我的加入會打亂（勇士隊）球隊原有的化學效應嗎？」比起自己是不是老大，是不是像個英雄，努力又內斂的杜蘭特，更加在乎未來球隊的團隊氣氛及默契。即使每個人都希望他像個有霸氣的英雄，然而或許這根本不是他所追求的價值。

哈利波特的作者羅琳曾說：「我們真實的樣子，來自於我們所做的選擇，遠重於我們的能力。」

難道杜蘭特擁有球星級的身手，就必須去順應眾人的期望，選擇一支他必須一手帶起的球隊？其實大可不必，當一項選擇及決定是遷就於他人時，通常就不會是個好選擇。因為每個人的價

值觀不同，能夠順應內心的選擇，比起滿足他人的期待更重要。

「打不過，就加入他？」有何不可呢？

選擇理論：聽見自己內心的聲音，並勇於承擔結果

心理學家威廉・葛拉瑟（William Glasser）所提出的選擇理論指出，人們的選擇被五種導向所驅動著，「生存」、「愛」、「權力」、「自由」、「樂趣」。也就是說，人們在進行任何選擇時，腦海中總會浮現一些選擇後的想像，也許是喜歡的人、事、物，透過多元的結果去衡量自己的選擇。

雖然常聽人說，做選擇應該要理性，然而事實上，人們的腦袋瓜根本很難做到完全的理性，只要是一個有產生猶豫及煩惱的選擇，通常就沒有標準答案。因為每個人得到的資訊、知識及理性都是有限的，當選擇得有所取捨時，就一定會有妥協的成分，也不可能存在完全的答案，惟一能做的，就是順應自己的內心，並勇於承擔選擇後的結果而已。

那麼，從事後諸葛的角度來看，杜蘭特這個選擇，錯了嗎？

2016-17年球季，擁有了杜蘭特的勇士隊，就像補足了最關鍵的一塊拼圖般，在例行賽中取得了全聯盟最佳的六十七勝戰績。到了季後賽更加勢如破竹，前三輪的比賽都完成了4-0的橫掃晉級，最終更創造了史上最佳的季後賽十五連勝及十六勝一敗

最佳勝率，奪下了該季的總冠軍。

　　勇士隊該季的成功，無疑得歸功於季前才轉隊過來的四屆得分王杜蘭特，在總冠軍賽的五場比賽中，杜蘭特每一場的得分都高居全隊之冠，而超過三十五分的系列賽平均得分，更高居兩隊之最。最後，杜蘭特榮獲了該季NBA總決賽的FMVP，無疑是該季冠軍賽中表現最搶眼的第一人。

　　2017－18年球季，杜蘭特及勇士隊仍舊維持高檔的團隊戰力，再奪下2017－18年的總冠軍，同樣地，FMVP的獎項仍然是屬於幫助球隊最大的杜蘭特。

　　若從杜蘭特在球場上的影響力來看，與其說他去抱大腿，不如說，他足以成為一支冠軍球隊的大腿。也正因為杜蘭特不畏眾人責難的轉隊選擇，才得以為他帶來職業生涯中最輝煌的一刻。

績效

羅素‧衛斯特布魯克　Russell Westbrook

　　2008年衛斯特布魯克以第四順位被雷霆隊選中，並從第一個球季開始就嶄露頭角，入選了新秀第一隊，並很快地在2010-11年的第三個球季中，就有著21.9分、8.2助攻的明星級身手，被選入了該年的全明星賽。

　　然而，即使如此，在其前八年的職業生涯中，仍然一直只被視為球隊的副手，擔任凱文‧杜蘭特（Kevin Durant）以外的第二得分點，少有機會證明自己真正的能耐。

　　直到2016-17年球季開打前，球隊的原主將杜蘭特在合約到期後，選擇離開，此時衛斯特布魯克終於有了機會，獨力扛起球隊的領袖大旗。然而，當時幾乎所有人都不看好，這個原先的球隊老二，能夠打出什麼名堂來？

　　出乎意料地，少了杜蘭特來分散球權，反而解放了衛斯特布魯克的身手，開啟了其全能「績效」的新頁。

領軍的第一個球季，他就率領球隊拿下四十七勝三十五敗的不俗戰績，更可怕的是，這一個球季衛斯特布魯克的個人「績效」技壓群雄，有著31.6分、10.7籃板、10.4助攻的全季平均表現，不但是聯盟的得分王，全季四十二次的大三元紀錄為史上新猷，平均大三元更是近五十五年來的惟一一人。

NBA官方正好從2016-17年起，首度舉辦了年度獎項的頒獎典禮，並增列了不少具有話題性的獎項，而該屆頒獎典禮的最大贏家，無疑是衛斯特布魯克。他同時囊括了年度MVP、年度最佳造型獎、年度最佳絕殺獎，成就了其九年NBA職業生涯中，最豐收又風光的一年。

事實上，這還不是他惟一一次平均大三元的球季，從2015至2021年球季，衛斯特布魯克一共完成了五次全季平均大三元的壯舉，為史上惟一一人。

刷數據？為「績效」而戰？

聽起來，這似乎是一則原先球隊的副手，抓住了機會，一舉成為有著頂尖「績效」球星的故事。

詭譎的是，故事似乎不是這麼演下去的。雖然連續三季平均大三元，連續三季打入季後賽，卻也是連續三季都在季後賽的首輪止步，完全不像是一支有機會衝擊總冠軍的強隊。

於是就有這樣的一種聲音出現了：「衛斯特布魯克是一位很會刷數據的球星，卻不是一位能夠率領球隊贏球的球星。」而這樣的指控，似乎也不完全是空穴來風。

曾經在一場比賽進入第四節時，衛斯特布魯克的雷霆隊已經領先了二十三分，依照慣例，身為球隊主將的衛斯特布魯克，此時應該能夠在場下好好休息了，等待比賽結束迎接勝利。然而當時衛斯特布魯克的數據，只差三個籃板就能完成本場比賽的大三元。於是，雖然已無關勝負，衛斯特布魯克卻老實不客氣地又回到了場上，拿下了「剛剛好」的三個籃板、成功創造了大三元後，才又叫了暫停回到板凳。

又在另一場比賽中，剩下最後的二分鐘時，衛斯特布魯克只差一個籃板就能完成大三元，此時，衛斯特布魯克走向了記錄台，針對自己剛剛一次的補籃，向記錄員要求應該要再記上一顆籃板，他也得到了這記籃板，成功地創造了大三元。

就是這些追求數據的動作，讓衛斯特布魯克很愛「刷數據」之名不脛而走。

最後，雖然衛斯特布魯克創造了前無古人的多次全季平均大三元紀錄，但似乎也僅止於此了。球隊並沒有更上一層樓，於是就在衛斯特布魯克締造了史詩級的紀錄後，反而將他交易了出去，放棄這位「績效」之王。

別再只看KPI，要看見KPI之外的潛在價值

雖然衛斯特布魯克對於比賽的熱情及對於贏球的渴望不容置疑，然而他對於自己帳面「績效」的追求，似乎也不再是什麼祕密了。

在職場及企業中，為了能夠衡量並量化工作的表現，多數的企業都會採用KPI（Key Performance Indicator）的概念作績效管理。所謂的KPI即為關鍵績效指標，並讓這些績效指標能夠符合SMART原則，即具體性（Specific）、可量化性（Measurable）、可實現性（Attainable）、具相關性（Relevant），並有時限性（Time Bound）。

而在NBA的籃球場上，這些最重要的個人KPI，莫過於得分、籃板、助攻、抄截、阻攻等關鍵攻守數據，更進階的，諸如大三元（Triple-Double）、雙十（Double-Double）、MVP、入選年度球隊或明星賽等，皆可屬於個人KPI的範疇，而衛斯特布魯克這幾個球季的表現，無疑是整個聯盟中的KPI之王。

有趣的是，在不少最新的商管評論中亦指出，其實KPI並非萬靈丹，也無法完全地反應出一個人才的價值，而這樣的觀察，或許我們可以在不少的NBA老將中看見。

NBA中不乏炙手可熱的「老將」，這些老將跑不快、跳不高，上場時間可能不能太多，能夠拿下的分數可能也不高，然而

他們卻是一支「強隊」中，絕不可或缺的關鍵一員。

　　因為即使他們不在場上創造KPI，他們在場下也能穩住軍心，改善休息室氣氛，幫助年輕球員找到比賽的節奏及方向。當隊友間產生矛盾時，他們亦能成為協調者。甚至在比賽最關鍵的時刻，也能夠上場提供球隊最關鍵的支援，做好危機管理。這些潛在的價值，是KPI所無法呈現的。

　　衛斯特布魯克已經證明了自己的KPI價值，未來他該證明的，是除了KPI之外的潛在價值。他能夠率領著球隊走多遠？他能夠帶著隊友成長多少？

　　一個人才的價值，不能只看KPI，更要看到潛在的價值，這將是衛斯特布魯克未來最重要的一項挑戰。

印象

詹姆士 · 哈登　James Harden

　　NBA在每一年的例行賽結束後，會由相關單位的記者及主持人等，票選出年度最佳陣容，用來表彰當年度表現最好的球員，並依序分為一隊、二隊及二隊，每隊選出五名球員，共十五人。

　　2015-16年球季，火箭隊的當家球星哈登數據表現亮眼，每場比賽平均可以攻下29分、7.5助攻、6.1籃板，得分不但高居全聯盟第二，這樣漂亮全面的數據表現，NBA歷史上也只有三位球員得到過，這三人分別是雷霸龍 · 詹姆斯（LeBron James）、喬丹（Michael Jordan）及奧斯卡 · 羅伯森（Oscar Robertson）。可以說，單單從數據來看，這一個球季的哈登是無可挑剔的。

　　有趣的是，過去這三位球員得到這樣的數據時，不是拿到年度MVP，也至少會是年度第一隊的當然成員。但該季有著相似數據表現的哈登，竟然連年度第三隊都沒有他的名字，前火箭隊名人堂球星克萊德 · 崔斯勒（Clyde Drexler）就跳出來為他說

話：「這不公平，他應該是聯盟排名前五的球員。」

為什麼哈登無法得到評審的青睞？

很快地似乎有了答案，就在該球季末，哈登獲得了一個非官方的獎項，似乎說明了一切：Shaqtin' A Fool MVP ！

Shaqtin' A Fool MVP

Shaqtin' A Fool是由退休球星俠客‧歐尼爾（Shaquille O'Neal）所主持的一個趣味性NBA節目，節目在每周選出五球「最愚蠢」的球員片段，換言之，這是一個有點惡趣味、用來「糗」球員的節目，也是球員最不想要登場的NBA節目了。

而哈登則被選為這個節目的年度MVP，因為他在這個球季提供了最多的蠢鏡頭給節目。在公布Shaqtin' A Fool MVP的影音片段中，可以看見哈登不少在球場上的一些「糗」鏡頭，例如……

隊友拚命阻止對手的進球後，球就落在他身邊的籃板，不幫忙搶就送給了對手……

進攻時他黏球黏了半天，球在傳出去時卻飛個老遠，讓隊友想接也接不到……

自己應該「盯」防的球員，他還真的只用眼睛「盯」，跟都不願意跟上……

對手快攻穿越他時，他守都沒守就直接放行了⋯⋯

隊友失誤被抄球，他第一個反應不是補防，而是用眼神質疑隊友怎會被抄球呢？

進攻時「黏」球，只顧著自己的表現，讓隊友表現的機會大減。防守時「看」球，只用眼睛看守對方，讓隊友防守壓力大增。在他漂亮數據的背後，其實也帶給了隊友不少的麻煩。防守時是不動的「監視器」，進攻時是不分球的「黏球王」，這樣的「印象」最終也決定了人們對他那季表現的整體評價，個人的數據再好，也難以獲得太多正面的評價。

印象分數比得分更重要

「印象管理」一詞最早由心理學家厄文・高夫曼（Erving Goffman）於 1959 年提出，認為印象管理是社會互動中的一環，人們總是會自然而然創造最適合自己或較受人尊崇的印象。一般而言，印象管理可分為「動機」及「建構」兩個環境，即確認你想要擁有什麼印象，以及你如何去打造這個印象。

印象管理是一門藝術，更是一項可以為品牌帶來成功及利潤的學問，不單單是企業品牌，就算是個人，也都應該視不同的情境，來選擇最合適的印象管理策略。

高夫曼曾指出：「整個社會其實就像一個舞台，每一個人

都扮演著自己或別人定義的角色。」想提升印象分數有兩條路徑：提升他人對你的「正面印象」，或減少他人對你的「負面印象」。

　　哈登就算在球場上拿再多的分數，但如果留下一些讓人觀感不佳又深刻的「印象」，就無法獲得他人的尊敬及認同。對哈登來說，進攻時「黏」球，防守時「看」球，其實就增加了不少負面印象，即使他拿到再多的分數，都難以彌補這些負面印象所帶來的扣分。

　　在人生的舞台上，一個聰明的演員，一定要懂得去打造自己在他人心中的好印象，只有愚昧的演員，才會不顧他人的觀感，自顧自地搶著自己想要得到的分數。

　　其實，印象分數，比你實際上拿到多少分數重要多了！

主動打造自己的品牌印象

　　似乎是受到了這些調侃的激勵，哈登於隔年的2016－17年球季，一掃過去的負面印象，在得分仍然維持在29.1分的情況下，一舉將籃板提升到了8.1個，更將平均助攻數提升到了11.2次，成為當季NBA的助攻王，一舉擺脫了「監視器」及「黏球王」的兩大印象。這次，他直接跳過了年度二、三隊，成為年度第一隊的一員。

又過了一年，2017－18年球季，哈登不但將自己的得分提升到了30.4分，成為該球季的NBA得分王，更率領球隊拿下了全聯盟最佳的六十五勝戰績。這一個球季，哈登還拿下了年度MVP獎，一舉成為該球季全聯盟最火熱的球星。

　　到了2018－19年球季，哈登再次將自己在進攻端的威脅性提升了一個檔次，全季拿下36.1分的平均得分，不但蟬聯了得分王的寶座，這樣的平均得分數字，更是NBA近三十年來最高的個人表現。

　　僅僅短短幾個球季的時間，哈登就擺脫了「監視器」及「黏球王」兩個負面印象標籤，成為聯盟中的招牌球星之一。

　　印象不能「被動」地等待他人「改觀」，而是應該由自己「主動」積極地「改變」。哈登的籃球之路，無疑是印象管理的最佳教材。

需求

林書豪　Jeremy Lin

　　林書豪是第一位曾在NBA站穩腳步的亞裔後衛球員，一共在NBA打了九個球季，出賽四百八十場比賽，留下每場比賽平均11.6分、2.8籃板、4.3助攻的成績，有過輝煌也有過失意。

　　心理學家馬斯洛（Maslow）曾提出「需求層級理論」的思維，認為人都擁有不同層次的需求，而在不同時期、不同情境下，對於各種需求的渴望都有所不同，這些需求會轉化成為人們行動的驅動力。

　　依照需求層級的不同，馬斯洛將它們分為五個層級，分別為較低層次的「生存」及「安全」需求，人際關係中的「情感」及「尊重」需求，以及較高層次的「自我實現」需求。

　　之後美國耶魯大學克雷頓‧埃爾德弗（Clayton Alderfer）教授又在馬斯洛的基礎上，提出了一種更接近人本主義的ERG理論，將人們的需求分為三大核心，即生存（Existence）、關係

（Relatedness）及成長（Growth）。

　　一般而言，在較低層次的需求被滿足後，就會朝向更高層次的需求前進。其實如果細數林書豪的NBA旅程，就曾經歷過各種階段的需求。

「生存」的需求

　　由於膚色的關係，即使林書豪當年在哈佛大學的表現不俗，選秀會上仍然沒有任何一支球隊願意給他機會；好不容易在夏季聯盟打出了一點身手，才找到了一個機會，2010－11年球季在金州勇士隊的板凳末端找到了一個位置，但是連板凳都坐不穩，第一年只打了二十九場比賽，每場比賽平均上場不到十分鐘，平均僅僅拿到二．六分。

　　可以說，此時的林書豪就是個NOTHING，他在這個時期所渴望及追求的，僅僅是能夠以一個NBA球員的身分，在板凳末端找到一個位置就不錯了。

　　NBA是所有籃球員夢寐以求的舞台，對於一個尚未站穩腳步的板凳末端球員，光是能繼續領著NBA的薪水，把握少得可憐的上場機會，就已經是個不太容易實現的目標了。

　　此時的林書豪，追求的只是一個在NBA「生存」的需求。

　　來到了2011－12年的第二個球季，林書豪好不容易在紐約尼

克隊的板凳末端，找到了另一個落腳之處。機會終於來了，由於球隊裡的眾多球星因傷缺陣比賽，在競爭激烈的聯盟中，這支球隊當時簡直就像是任人宰割的俎上魚肉，也幾乎已經被屏除於季後賽大門之外。也就在這樣的時刻，一個本來在板凳末端的林書豪，在無人可用的情況下被拉上了球隊控球後衛的位置。

「關係」的需求

結果他在挑大梁的第一場比賽中就攻下了二十五分，幫助球隊拿下久違的勝利，更開啟了傳奇的七連勝之旅，將已經跌出季後賽大門的球隊帶回了季後賽，開啟了他的Linsanity傳奇。

原本沒人看見的速度、優異的籃球智慧，加上不錯的全場視野、傳球技能及協調性，都在這一段時間獲得了充分的舞台及發揮。無論是面對湖人隊的個人三十八分得分，還是切入禁區後的飛身扣籃，抑或是決勝時刻神來一筆的○秒出手，都讓全世界球迷為之著迷及瘋狂。

「生存」對他而言，已經不是當時的目標了。

於是2013-14年球季，他從原本的尼克隊，來到了一樣也是駐鎮在大城市的火箭隊，並成為這支球隊的「先發」控球後衛。此時林書豪已經站穩了他在NBA場上的入口，對於「生存」的需求漸漸轉弱，取而代之的，是對於被認同及尊重的「關係」需

求。

可惜的是，雖然他終於站穩了「先發控衛」的位置，無論是在火箭隊詹姆士‧哈登（James Harden）的身旁，還是之後在湖人隊柯比‧布萊恩（Kobe Bryant）的身邊，他都像是球星身旁的餵球員，雖然名為先發控球後衛，卻掌握不到太多的控球權，最後甚至被拉下先發的位置，整整過了三個失落的球季。

「成長」的需求

2015－16年球季，林書豪宣布以低於行情的薪資加入夏洛特黃蜂隊（Charlotte Hornets）。黃蜂隊並非惟一對林書豪有興趣的球隊，然而，林書豪認為自己在這支球隊是「被需要」的，而對現在的他而言，「被需要」可能比起薪資高低更加重要，他想要的是能夠成長的舞台。

NBA是一個在商言商的地方，因此球隊若駐鎮在像紐約、休士頓及洛杉磯等大城市，不但是鎂光燈的焦點，更能吸引到好球員的加盟。從球場票價、團隊薪資到媒體資源，都遠勝於其他小市場的球隊。

然而，對此階段的林書豪而言，與其在大市場球隊中不受重用，或許轉換個跑道，到小市場的球隊找到自己的舞台，才是一個正確的選擇。在這支球隊短短的一年間，林書豪重拾了打球的

樂趣，也滿足了一定程度的「成長」需求。

2016－17年球季，他的平均薪資正式突破了千萬年薪，來到了籃網隊，成為球隊的舵手，正式開始追求他的「自我實現」及「成長」需求。

對NBA球員而言，有人要名、有人要利、有人需要舞台及成就，而以需求理論的架構而言，通常人們一開始可能會先求有（生存），再求好（關係及成長），循序漸進達成自我實現的目標。

林書豪自從2012年在紐約打出一段「林來瘋」代表作之後，就一直在不同城市中找尋自己的定位，並從苦苦掙扎、追求在NBA生存，到漸漸獲得了認同及尊重，再到最後開始追求自我實現，其實林書豪的NBA奮鬥史，就是人們對於「需求層級」的追尋歷程。

衝突

比爾‧藍比爾　Bill Laimbeer

　　運動精神，一直是所有運動中最受推崇的美德，在籃球比賽中，一種很基本的防守精神，就是防守的目的就是擋下對方的「球」，而不是放倒對方的「人」。

　　然而，在NBA的歷史中，曾出現一支惡名昭彰的球隊，他們的防守，不是擋下「球」，而是在摧毀「人」，經常毀人不毀球，防守嗜血又不擇手段，讓所有的對手都感到膽寒。這支隊伍是1980年代的底特律活塞隊，他們有個外號，叫做「壞孩子軍團」。

　　這支可怕的隊伍，以強悍又肅殺的防守，在1980年代末期迅速崛起，1988年這支球隊已經強悍到足以爭奪總冠軍。在該年的季後賽，這支球隊先後擊潰了喬丹（Michael Jordan）的公牛隊及傳統強豪大鳥博德（Larry Bird）的塞爾堤克隊，一路殺進了總冠軍，最後血戰了整整七場，才以三分之差惜敗。

雖然那個球季活塞隊與冠軍失之毫里，但他們著實已經找到了贏球的方程式，用不擇手段的嗜血防守，擊潰所有企圖挑戰他們的球員。於是就在1989、1990年連續兩個球季，這支球隊靠著他們的強悍防守，完成了總冠軍二連霸，奠定了壞孩子軍團的歷史地位。

這支球隊的好手不少，然而藍比爾絕對是這支球隊的防守骨幹，也是這支球隊極惡防守的掌門人。

藍比爾在當年的選秀中，一直到了第三輪第六十九順位才被選中，可以說，他並非人們眼中的搶手球員。他很清楚如果自己循規蹈矩走一般球員的路線，就注定只會是一個不具競爭力的雞肋球員。

史上最惡之人

於是，他決定讓自己成為強悍的防守「惡人」，成功為自己找到了球場上的獨特定位，也形塑了整支球隊的防守精神。藍比爾不但幫助球隊完成二連霸，即使他從來不是人們眼中明星球員該有的樣子，還是靠著讓人膽寒的球場表現，四度被選入明星賽。

從藍比爾於1982年加入活塞隊一直到1990年間，他幾乎出席了活塞隊的每一場比賽，並且連續七個球季達到 Double-Double

的高標準演出，1985－86年球季，藍比爾更以13.1的籃板成為聯盟的籃板王，而迄今他仍然是活塞隊隊史的籃板王。

　　然而，藍比爾最可怕之處並不是這些帳面數據，而是他球風的「狠」及「髒」。他雖然跑不快跳不高，但他的防守卻可能是史上最讓人喪膽的一人，他會在對手上籃時直接一巴掌蓋在對手臉上，或直接將對手從空中拽下地。若你要殺入活塞隊禁區時，必須要很帶種，因為藍比爾的兇殘防守，會讓你付出慘痛的代價，輕者見血光，重者則被抬出球場見隊醫。

　　喬丹曾說：「藍比爾是聯盟中打球最髒的，也是他在突破防守時，最能讓他產生畏懼心理的球員。」

　　這種防守方式充滿了爭議，不但小動作多，且招招傷及對手要害，他在搶籃板時並不像一般球員是衝著球去，他經常是向著人去，在卡位時，他會將手臂往側邊用力拐出，在旁的對手可能就因此倒於血泊之中。而當對手投籃時，他甚至會伸出手直接向對手的眼睛招呼，不但擋住對方視線，更讓對手憤怒及害怕，藍比爾這些狠辣手段的運用，絕對是史上一絕。有藍比爾在陣中的活塞隊，無疑是所有對手的噩夢。

　　魔術強森（Magic Johnson）說：「很奇怪的一件事，當你看到藍比爾站在籃下並擺出冷冰冰的表情時，往往就失去了上籃的勇氣，因為沒有人想要為了兩分而報銷整個生涯。」

衝突

不得不說，其實藍比爾是一個相當懂得管理「衝突」的聰明球員。

所謂的衝突管理，是指去正視衝突的存在及影響力，並進而管理它，巧妙地運用。管理學學者將衝突概分為兩種，第一種為對事不對人的「任務型衝突」，第二種為對人不對事的「關係型衝突」。

關係型衝突，是一種非功能型衝突，通常起因於人際關係及情緒上的失控，因憤怒、委屈及衝動等所產生的衝突。這種因為情緒而起的衝突，通常後果沒有什麼好處，還可能將事情搞砸，讓自己陷於不利之地。

任務型衝突，則是一種功能性衝突，通常起因是為了完成任務及目標，透過衝突的方式，去迫使隊友或對手的行為有所改變。隊友間的衝突如果能夠激盪士氣或形成共識，反而是好事；而對於對手，則是透過衝突的方式，讓對手憤怒、懼怕及忌憚等，迫使對手無法發揮正常實力。

必須說，藍比爾絕對是NBA歷史上的衝突高手，他相當懂得趨吉避凶，在球場上的每一次衝突及出手，他的情緒從來沒有失控過，總是在每次的惹是生非後，立刻將自己抽離而置身事外，不讓自己受傷害，他曾說：「我不打架，我只是煽動他們，

然後走開。」

　　他很擅長激怒對手，破壞對方的比賽節奏，而當兩隊衝突一觸即發時，藍比爾反而會躲到後面去，由他身邊擅長打架的隊友出面，最後，藍比爾的底特律活塞隊，在每一次的衝突中，往往都是得利的一方。

　　藍比爾是惡人，是對手的噩夢，同時更可能是一個衝突管理的高手。

搭檔

卡爾・馬龍和約翰・史塔克頓　Karl Malone & John Stockton

　　籃球是團隊運動，講究球員與球員之間搭配的化學變化，而非一加一等於二的數學，因此歷史上不乏一支球隊，集滿了一堆球星在陣中，卻始終難以發揮堆疊起來的應有戰力，更多的情況反而是產生排擠作用，讓每一個球員都打不出應有的水準。

　　那麼，NBA 史上哪一組搭檔的「化學效應」最強？

　　在猶他爵士隊聯手打拚了十八載的馬龍和史塔克頓，可能會是不少人心目中的最佳答案。

　　初入聯盟之時，兩人都不是當年的重點球員，史塔克頓是爵士隊 1984 年的第十六順位，馬龍則是 1985 年的第十三順位，事實上落在這個順位的球員，未來能夠成為明星球員的並不多。

　　然而，正因為他們有了彼此，得以發揮各自的強項，又恰巧補足了彼此的弱項，最終兩人都成為歷史級的偉大球星。

史塔克頓身高6呎1吋（約185公分），體重七十九公斤，光從身形及氣質來看，甚至不像個運動員，然而他卻擁有穩定的控球能力及助攻技巧，他最欠缺的，是一個能夠穩穩將他的助攻送入籃框的強壯隊友。

　　馬龍身高6呎9吋（約206公分）、體重一百一十六公斤，被認為是史上最強壯的大前鋒，雖然孔武有力，早期並不具有太多單打得分的技巧，他所需要的，是一個能夠穩穩將球送到他手上，幫助他順利得分的隊友。

　　兩人一拍即合，成為彼此在籃球場上最重要的另一塊拼圖。

　　馬龍從此擁有了「郵差」這個外號，因為只要史塔克頓的助攻球能送到他的手上，他每場比賽都能穩定地將球送進籃框中。馬龍生涯出戰一千七百四十六場比賽，例行賽總得分高達三萬六千九百二十八分，排在NBA史上第二；搶下一萬四千九百六十八個籃板，排在NBA史上第六，並於1997及1999年拿下年度MVP的殊榮。

　　史塔克頓則成了「助攻王」的代名詞。生涯出戰一千五百〇四場比賽，送出了一萬五千八百〇六次的助攻及三千二百六十五次的抄截，這兩項數據皆為史上第一，並於1987－1996年連續九個球季獲得助攻王頭銜，這個紀錄亦為史上第一。

　　兩人的合作創造了爵士隊隊史最輝煌的時刻，可說是史上化

學效應最好的一組搭檔組合了。

擋拆搭配

難能可貴的是，他們從來不會為了球隊的領袖位置而起矛盾，兩人的球風及個性都相對樸實，也讓兩人能夠一直創造卓越的搭檔績效。

而他們最常使用的戰術，正是擋拆搭配（Pick & Roll），擋拆搭配是籃球最基本的戰術之一，其原理很簡單，由一個隊友先為持球者擋開防守者後，持球者再往空位推進，擋人球員抓準時間沉入另一位置後，接到持球者的傳球後得分。

兩人的擋拆搭配，通常由馬龍為史塔克頓的單擋開始，而其他的隊友通常會識相地為他們清出空間來，史塔克頓開始往馬龍擋出的空間運球前進，吸引馬龍原先的防守者前來協防，馬龍再抓準時機創造出空間，史塔克頓則是一個反手傳球或是簡單吊球將球穩穩送到馬龍手上，兩分穩穩入袋。

兩人的擋切戰術已達爐火純青，搭配的方式變化多端，兩人不停地進行掩護及擋人跑位，再嚴密的防守都會有出現破綻之時，而這一瞬間的破綻就已足以讓兩人攻陷，製造出無數的取分機會。

此招戰術最重要的莫過於兩人的默契及跑位要領，此外擋人

時機及傳球的技巧都是成功與否的重要關鍵。史塔克頓的助攻精準又到位，馬龍的霸王肘則能開天闢地，恰恰滿足了這套戰術的各項元素。

史塔克頓能成為聯盟史上的助攻王，馬龍能成為聯盟史上的得分榜眼，兩人如此多的不朽戰功，多半正是由兩人的這套擋拆搭配積累而來，這兩人在球場上的籃球經驗與智慧，為擋拆戰術的精髓作出了最佳的演繹，供後人仿效及學習。

搭檔

球星與球星的搭檔，一向是打造一支強隊的不二法門，每一個人的能力都是有限的，所以如果可以找到一個合適的搭檔，「強化」自己的強項，或是「互補」自己的弱項，就有機會創造一加一大於二的效益。

搭檔可以分為兩種。第一種搭檔是「強化」，如喬丹（Michael Jordan）及史考提·皮朋（Scottie Pippen）在公牛隊的搭檔，兩人的身高及位置接近，同樣都是能攻擅守的全能型鋒衛球員，讓他們在這一塊的戰力能夠獨步聯盟，無人能敵，這就是一種同性質的強化。

第二種搭檔是「互補」，馬龍及史塔克頓正是最具代表性的組合，兩人的強項及弱項完全不同，因此兩人都有效的補足了對

方不足的那塊，讓兩人都能專注在自己專精的領域中，互補了各自之所需。

1985年，兩人在爵士隊聚首，開啟了長達十八載的擋拆傳奇。

1992年，兩人一起被選入了夢幻一隊，成為史上最強球隊的一員。

1993年，兩人在明星賽周末合手贏得了勝利，共享當年的明星賽MVP。

1996年，兩人一起入選了NBA 50大球星。

兩人的退休球衣都高掛在爵士隊上空。

兩人的退休雕像都佇立在爵士隊大門。

兩人的名字都被放進了籃球名人堂裡。

馬龍及史塔克頓是NBA史上聯手最久、默契最佳的雙人組，兩人在鹽湖城共同奮戰了十八個球季，雖然一冠未得，但卻仍然是不少球迷心目中最偉大的一組傳奇。

運氣

史蒂夫・科爾　Steve Kerr

　　2014年，科爾得到了一張五年二千五百萬美元的教練合約，成為金州勇士隊的總教練。並在2014-15年的第一個球季就幫助球隊取得了六十七勝十五負的聯盟第一戰績，最終更順利的奪下該球季的NBA總冠軍，成為NBA的菜鳥總教練，率隊的第一季就能成功奪冠的少數故事。

　　到了2015-16年球季，科爾所執教的勇士隊更上一層樓，例行賽率領球隊奪得了NBA史上最佳的七十三勝紀錄，更獲頒該季的年度最佳教練，球隊亦在季後賽中勢如破竹地殺進了總冠軍賽，可惜最後以一勝之差，錯失了這個球季的總冠軍。

　　然而，隨著球隊陣容的提升，就在接下來的2016-17、2017-18年球季，科爾再次率領球隊完成了二連霸，四年三次的冠軍，再加上2022年的一冠，勇士隊無疑成為了當代球迷心中的最強冠軍隊，而科爾則成為了最成功的教練典範。

有趣的是，在不少人的眼中，其實科爾根本就只是運氣很好而已。

身為一名球員，他又瘦又小、跑不快也跳不高，在NBA的十多個球季中，一直都只是一個「候補球員」，每場平均僅能拿個六分，抓不到籃板也創造不了助攻，卻因為總是幸運地待在冠軍強隊中，球員生涯就賺到了五枚冠軍戒指。

身為一名教練，他只是一個剛出道的「菜鳥教練」，他帶的這支球隊卻「恰巧」在該球季一飛沖天，打出全聯盟六十七勝最佳戰績，更一路晉級拿下了該季的總冠軍，第二個球季更誇張的奪得了七十三勝，打破了NBA史上最多勝的紀錄，更在其執教的前幾個球季，就賺到了四枚冠軍戒指。

身為「候補球員」及「菜鳥教練」，卻因為總是恰巧能夠與強隊共事，就這樣賺到了九枚冠軍戒指，科爾會不會太好運了點？

為什麼總有人運氣那麼好？

在成功人士的故事中，或多或少都存在著一些機緣及運氣，因此總有人喜歡將這些故事歸因為「運氣好」，然而，真的是如此嗎？

科爾的故事除了運氣好之外，或許還能找到一些促成好運的

原因：「可用價值」及「正向態度」。

從可用價值來看，科爾擁有優異的三分球命中率，他在NBA的三分球命中率高達47.9%，在大學時期（NCAA）更高達57.3%，雖然投得不多，但兩項數據皆高居史上第一。

被譽為籃球之神的喬丹（Michael Jordan），一直以來都親自完成關鍵出手，卻在1997年的總冠軍第六場，罕見地將這個決勝球交給了科爾。事實上在暫停的時間中，科爾就已經充分對喬丹表達了他對自己的信心。

「如果他不守我，我會準備好的。」

「球傳到我手上，我會準備好的。」

最後喬丹吸引了對手的包夾後，成功將這顆決勝的關鍵球傳給了科爾，而科爾也不負眾望，投進了這顆致勝球，最終幫球隊拿下了1997年的NBA總冠軍。

仔細想想，如果你是喬丹這種等級的球星，拿到球時總是免不了對手的一陣包夾，這時在外圍空檔處有一個神準的「候補球員」，那是一件多麼美妙的事，而且這位神準球員也會迫使對手不敢肆無忌憚地包夾著你，你能不愛他嗎？這就是一種「可用價值」。

從正向態度來看，科爾一向是一個謙虛、又懂得將榮耀留給他人的人，身為一名剛上任的教練，他並不急著要為自己立威，

反而只是輕描淡寫地表示：「我不是來改變球隊的，他們已經夠好了，我只是融入他們，讓大家變得更好而已。」

他深諳待人處事之道，也懂得自己的定位及分寸，總是能在每個位置上，扮演好自己的角色。其實他的機會並沒有比其他人更多，只是機會到來時，他抓得住罷了。

運氣真的是一種實力！

《幸運的科學》一書作者巴納比・馬殊（Barnaby Marsh）曾說：「運氣不是一種零和博弈（zero-sum game），如果你知道去哪裡找、以及如何找，每個人都有許多運氣。」

運氣的組成結構，可能不是我們過去所想像的那麼依賴老天爺的心情，而是能否抓住「機會」，以及當機會來臨時，有沒有足夠的「準備」去抓住它。所以常聽人說：機會是留給準備好的人。

大部分的時候，運氣不是完全被動的，它需要準備及行動，看似運氣好，其實通常不是那麼偶然，運氣不只是過去我們所以為的命理學，也是一種科學，可以透過某些方法提升你的運氣。

運氣好的人，通常至少具有兩項特質，首先，你要有些「可用價值」，而更重要的是，你要有讓人想要接近的「正向態度」。少了這兩樣東西，運氣再好也抓不住。

與其說科爾很幸運，常常是冠軍強隊的一份子，不如說身為一支冠軍球隊，就會渴望擁有像他這樣的「候補球員」及「菜鳥教練」。

　　1995－96年，他是芝加哥公牛隊拿下破紀錄七十二勝十負的一員，2015－16年，他是金州勇士隊拿下七十三勝九負的一員，歷史上勝場數最高的兩支傳奇球隊，他都參與到了，一次是身為球員，一次是身為教練。

　　該說科爾是個幸運的球員，還是說他是可以帶來幸運的球員及教練呢？

　　美國總統傑佛遜（Thomas Jefferson）曾說：「我十分相信運氣，而且我發現我愈努力，運氣愈旺！」

　　常聽人說，運氣也是實力的一部分，其實更精確來說，運氣，真的是一種實力！

忠誠

德克・諾威斯基　Dirk Nowitzki

　　NBA是一門生意，也是一個商業組織，追求的一向是利潤最大化，所以對於球隊而言，經營球隊就是要賺錢，努力創造最大的淨利，而要創造淨利可以從兩個方向努力。

　　第一個是想辦法開源，增加票房及轉播收入，強化周邊商機。

　　第二個是想辦法節流，降低管銷及營運成本，拉低球員薪資。

　　然而，對於球員而言，薪資除了代表自己的身價外，同時也是他們打球最重要的回報，因此無不斤斤計較地與老闆討價還價，希望盡可能拿到最高的薪資合約。

　　因此經常可以聽聞NBA的老闆與球員，為了薪資的談判不歡而散，而不少明星球員在選擇球隊時，考量的往往也正是薪資合約的高低，可以說，這就是一個在商言商的地方。

然而有一位球隊老闆，與他的當家球星有著全然不同的合作模式，這位老闆拚命地想幫這位球員加薪，以肯定這位球員對球隊的貢獻，而這位球員卻拚命的想讓自己減薪，以幫助球隊清出更大的薪資空間。

　　這則故事發生在小牛隊，吵著要給球星加薪的老闆叫馬克·庫班（Mark Cuban），而吵著要降薪的球員則是隊上的招牌球星諾威斯基。

　　諾威斯基在1998年以新秀外籍球員之姿加入小牛隊，並隨著球技的精進成了這支球隊的招牌球星，生涯一共二十一個球季，全部奉獻給了同一支球隊，為NBA史上為單一支球隊效力最長的球星。

　　2010年，老闆庫班為諾威斯基開出了四年九千六百二十萬美元的頂薪合同，結果卻被否決了，諾威斯基自請降薪，只願意簽下四年八千萬美元的合約。

　　2014年，諾威斯基成了自由球員，多支球隊對他伸出了橄欖枝，開出頂薪合同希望招募他，諾威斯基不但不為所動，還選擇再降薪，再與小牛隊簽下三年二千五百萬美元的合約。

　　2016年，全聯盟的工資水平水漲船高，諾威斯基則只願意「意思一下」地簽下二年五千萬美元的合約，並在2017年就自行跳出合約，放棄了第二年的高薪，選擇與球隊換約，改簽下二

年一千萬美元的超低薪合約。

歐洲史上最佳籃球員

諾威斯基一次又一次地選擇自行降薪，為球隊清出更多的薪資空間，以助球隊有更多的薪資空間發展，成為在這個商業掛帥的聯盟裡最獨特的存在。

要知道，諾威斯基並非一般的球員，他是史上第六位達到三萬分的球星，更被譽為史上最偉大的歐洲球員，曾經十四次被選入明星賽，十二次入選年度球隊，且幾乎囊括了NBA大部分的重要獎項。

2002年，他被所有球隊的總經理評選為最佳國際球員，諾威斯基的成功，更讓他成為所有球隊CEO在評估及遴選歐陸球員時最重要的模板。

2007年，他率領球隊拿下全聯盟最佳戰績六十七勝十五敗，被選為該季的年度MVP，成為第一個拿到NBA年度MVP的歐洲球員。

2011年，他在陣中沒有其他強力奧援的情況下，一路率領著球隊殺進了總冠軍賽，最終以4：2拿下2011年的總冠軍，並眾望所歸的拿下總冠軍賽MVP，是惟一位能夠同時囊括年度MVP及總冠軍賽MVP的歐陸球員。

諾威斯基沒有其他高大歐陸球員居中策略的技巧，或是能夠在禁區硬扛硬打的能力，但他卻是史上歐陸球員中最難防守的一個，因為他靠的正是超過7呎（約213公分）身高所啟動的後仰跳投。諾威斯基不但是史上最高的三分球大賽冠軍，亦是史上能在單季完成投籃命中率超過50%、三分球命中率超過40%、罰球命中率超過90%的最高球員。

　　可以說，以諾威斯基的球場影響力，完全是超級巨星的規格，任何一份非頂薪的合約，都不應該出現在他的薪資單上。然而，他卻願意為了球隊的發展，多次自行放棄了讓人垂涎的巨額合約，並將NBA職涯所有的光陰，都奉獻給了同一支球隊及同一位老闆，無疑是NBA裡「忠誠」的代言人。

忠誠

　　忠誠是所有的組織及企業，汲汲營營都想追求的目標之一。當員工忠誠度高，代表這個組織具有向心力，同仁願意全心竭力地為組織奉獻。當顧客忠誠度高，代表組織擁有了能長期帶來利潤的能力。

　　然而，員工及顧客的忠誠度如何而來？簡單來說，就是成為一個讓員工願意為你賣命、讓顧客願意為你買單的老闆。說的當然簡單，要做到卻是一件相當不容易的事。庫班做到了！

庫班在諾威斯基逐漸年華老去、失去球場競爭力時，親自公開表態，他已經為諾威斯基退役後所有的路都鋪好了，退休後的諾威斯基將可直接進入球隊的管理階層，至於做什麼職位，不需要老闆來決定，請諾威斯基自己隨便挑，老闆絕無二話。

　　發現了嗎？「忠誠」二字，只適用在對的老闆身上，若遇到只掛念自身利益的老闆時，還講忠誠的話，就會變成「愚忠」，這時候就該「在商言商」。

　　庫班一直將諾威斯基做為球隊的核心來建隊，一直給予他尊重及發揮的空間。也因為如此，諾威斯基回報了老闆的厚愛，屢次為了球隊的發展自請降薪，還曾為了培養球隊的年輕球員，自請釋出球權及上場時間。

　　在當今這個利益掛帥的世界中，庫班和諾威斯基的故事無疑是一段佳話，也立下了一個新典範，想打造一支成功的球隊，得先培養出忠誠的球員，而要培養出忠誠的球員，就得需要一個真誠的好老闆。

替補

馬紐‧吉諾比利　Manu Ginobili

　　正式的一場籃球比賽，一支球隊有上場權的球員不能超過十二人，而同一時間站在球場上比賽的球員不能超過五人。

　　因此一支球隊就會有五位「先發球員」及七位「候補球員」，通常先發球員即為球隊的必然主力，他們承擔大部分的上場時間及球場任務，惟有需要調節體力或戰術時，才會由候補球員上場。因此多數的籃球員，無不竭盡所能爭取先發球員的位置，那代表了一個球員的球隊地位。

　　然而，在正式比賽裡，候補球員也具有相當重要的功能，甚至有不少候補球員，除了能有效率地填補先發球員下場休息的空缺外，還能發揮不同於先發球員的其他場上作用，而一支球隊中最重要的候補球員，就會被稱為「第六人」。

　　NBA從1982－83年開始頒發最佳第六人（National Basketball Association's Sixth Man of the Year Award）的獎項，用來表揚在板

凳端有著傑出表現的候補球員。每一年透過各地的體育記者及廣播員共同選出人選，一年僅有一個名額，候選人必須在整個賽季中作為替補出場的場次，比先發的場次更多，換言之，這是一個名副其實的「最佳板凳」獎項。

然而，從1982年頒發獎項至今，有不少的第六人，雖然定位為替補，卻有著比先發更重要的球場影響力，成為左右球隊勝負的關鍵，甚至被選為明星球員。而曾經幫助馬刺隊拿下四次總冠軍的吉諾比利，更是當中最具代表性的一人。

吉諾比利十六年的職涯都待在馬刺隊，幫助球隊拿下四次的總冠軍（2003、2005、2007、2014），生涯打了一千零五十七場的比賽中，有超過七百場的比賽是從板凳出發，卻曾被選為全明星、年度球隊的一員，更於2008年獲得了年度最佳第六人的殊榮。

從1992年美國夢幻一隊成軍參加奧運開始，奧運金牌就一直是美國隊的囊中物，一直到2004年的雅典奧運，夢幻隊的神話才正式被打破，而這一個讓美國人夢碎的奧運金牌，便是由吉諾比利所領軍的阿根廷所奪得，身為阿根廷國家代表隊隊長的吉諾比利，更成為該屆奧運的最有價值球員（MVP）。

可以說，從球賽的表現及成就來看，吉諾比利都是一個當之無愧的籃球巨星，然而他卻願意為了球隊的利益，甘於從替補出

發，在板凳上適時地補足球隊的一切所需。

絕境中看吉諾比利

馬刺隊在千禧年（2000年）後，一共拿下了四次的總冠軍，而他們陣中的三名主力為提姆・鄧肯（Tim Duncan）、東尼・帕克（Tony Parker）和吉諾比利。這三人組合是史上拿下最多勝場的組合，而三人的球風及功能迥異，面對不同的戰況，三人都能輪流跳出來接管比賽。

於是就有了這麼一個順口溜：「順境看帕克，逆境看鄧肯，絕境看吉諾比利。」比賽打得順的時候，就讓帕克發揮，比賽打不順的時候，就由鄧肯穩住，而當一場比賽大勢已去時，惟一能夠逆轉戰局的，正是吉諾比利。

吉諾比利擁有破壞對手比賽節奏的能力，更有著短時間內大量得分的本領。當球隊所有人都掌握不到比賽節奏、或是比賽勝機已漸漸逝去時，往往就是以替補定位的吉諾比利站出來領導球隊的時刻。

他的打球風格常常不按常理出牌，能作出超乎其他人所想像的表現。他打球的奧妙之處在於其詭譎多變的節奏及腳步，吉諾比利在切入時的動作並不算特別快，然而他前進的方向卻著實讓人難以掌握，彷彿上半身與下半身是分開行動一般，常常可以看

到他往右邊的方向前進，整個人及腳步卻往相反的方向跑，就是能夠從敵陣的縫隙中殺入，再搭配其優異的彈性及上籃技巧，不但能在空中閃過對手的封阻，甚至能夠直接來個飛身灌籃。

　　馬刺隊教練曾說：「沒有吉諾比利，我們根本不可能贏得冠軍。」馬刺隊能成為常勝軍，板凳上那位能夠隨時接管比賽的吉諾比利，正是最關鍵的因子。

替補

　　管理策略大師曾提出「五力分析」的模型架構，用以分析競爭環境中，足以影響企業競爭力的幾個主要力量。而五個力量除了「現有競爭者、潛在競爭者、供應商及消費者」外，第五個力量即為「替代品」的替代能力。

　　所謂的替代能力，就是足以取代，或是能夠透過不同方式轉化的能力。就像過去人們想要閱讀，通常都只能透過紙本書籍，然而隨著科技及電子化的進步，電子書已經成為了另一種選擇，電子書除了能夠部分取代原紙本書籍的功能外，亦透過轉化的能力，提供了原本紙本書籍所沒有的特質，因此，這就是一種具競爭力的替代品。

　　而在球場上，「替補」球員其實也像是一種「替代品」，當一支球隊擁有影響力強大的「替補明星球員」時，除了能夠補足

先發的空缺外，也可能為球隊帶來不同於先發陣容的另一套戰術，不會被侷限在固有的先發球員思維中，並帶給球隊截然不同的比賽風貌。吉諾比利正是一位這樣的「替補明星球員」。

吉諾比利在NBA的勝率高達72.1%，為史上出賽超過千場的球員中，勝率最高的一位，他擁有明星球員的身手，卻願意坐在板凳上成為第六人，當他上場時，還能夠身兼得分及組織的角色，讓球隊可以保持全場四十八分鐘的高檔戰力。

2019年，這名「替補球員」的球衣，被馬刺隊退休高掛於球館上，因為他為球隊帶來的革命性貢獻，早已超越了傳統先發與替補的範疇。

第二部
技術×知識×策略

品牌

麥可・喬丹　Michael Jordan

　　誰是NBA史上最強的籃球員？

　　誰是NBA史上最偉大的籃球員？

　　誰是NBA史上最會賺錢的籃球員？

　　三個看似迥異的問題，答案卻可能毫無懸念地，都屬於同一個名字，他是喬丹！

　　喬丹在其十五年的職業生涯中，拿下了六屆總冠軍，六屆總冠軍賽最有價值球員、五次年度MVP，還完成了二次的三連霸。更於1995-96年球季，率領公牛隊締造了當時史上最佳的七十二勝十負戰績，這一年的公牛隊，被譽為史上最強的冠軍隊。

　　在進攻上，擁有史上最高的平均得分（三〇・一分）及十次得分王頭銜，說喬丹是史上最可怕的得分兵器，相信不會有太多反對的聲音，在防守上喬丹一樣頂尖，除了幾乎年年入選年度防守球隊，更曾拿下年度最佳防守球員的殊榮。

喬丹在球場上所創造的驚人表現難以細數，無論是在空中閃過三個人的拉竿上籃、在對手大中鋒頭上的扣籃，以及史上最高絕殺率的「The Shot」，每一個動作，每一次的出手，不但是全場的焦點，更牽動全球球迷的心，成為全球熱議的話題。

喬丹是個天生的巨星，其一言一行，無論是對球迷、隊友甚至對手，都充滿了渲染力。於1990年代帶動了整個籃球世界的運動潮流，就算不打籃球不看籃球的人，也都一定聽過他的名字。喬丹不單單是NBA及籃球的代名詞，更成了卓越的代名詞。

他的好友兼對手查爾斯‧巴克利（Charles Barkley）曾自吹自擂地說：「我是地球上籃球打得最好的人。」於是就有人問他，那喬丹呢？查爾斯‧巴克利給了一個有趣又真切的答案：「他不是地球人！」

是的，喬丹在當時幾乎就是一個超凡於聯盟的存在，獨一無二。

籃球世界的代名詞

事實上，喬丹對於籃球世界最大的影響力，還不是因為他是最強的籃球員，或是球場上最大的贏家，而是他幾乎成了籃球世界的代名詞，是籃球世界最為人所熟知的一個「品牌」。

在喬丹進入NBA前，NIKE僅僅是運動品牌中的一間小公

司，直到在1984年NIKE找了喬丹擔任他們球鞋的品牌代言人後，NIKE才一舉從原先的小蝦米，搖身一變成為品牌巨人。

在喬丹出現之前，球鞋可能只是一種實用的運動用品，但NIKE與喬丹卻為籃球鞋找到了全新的價值，讓球鞋成為一種「收藏品」。NIKE更在自家產品線為喬丹創造了專屬的「喬丹牌」，成了媒體爭相報導、球迷爭相搶購的夢幻逸品。

喬丹所創造的經濟價值有多大？根據當初的統計，NBA從1987年到1998年一共賺進約三十三億美元，而當中超過90%的經濟價值，都是由喬丹直接或間接所創造。

在過去，遊戲公司想要製作NBA的遊戲，只要能夠取得NBA官方的授權，就能製作一款擁有全NBA球員肖像的電玩，有趣的是，惟獨喬丹一人不能使用，因為他的肖像權及品牌價值，是獨立於聯盟外的，所以除非這家遊戲公司能得到喬丹的點頭，否則當時的NBA遊戲中，就算全聯盟的球星都登場了，惟獨公牛隊的23號不能在其中

在喬丹出現之前，NBA雖然已經開始漸漸上了軌道，卻仍然不是全球關注的主流運動，直到喬丹出現之後，NBA才正式國際化，成為全世界球迷目光的焦點。

綜觀歷史，從沒有任何一個人對一項團隊職業運動，能產生如此巨大的影響力。與其說喬丹為NBA工作，不如說，喬丹提升

了整個NBA。

品牌

　　所謂的「品牌」，指的是一種精神象徵或是清晰的識別標誌，包含了商譽、形象、文化、品質等，也代表了在他人心中的位置。有價值的企業品牌能為企業帶來差異化及永續的獲利能力，有價值的個人品牌同樣能成為個人永續的競爭力。

　　所以營利事業，一定要努力打造企業品牌，而個人，也要懂得打造個人品牌。因為那才能夠形成決定性的競爭力，為企業或個人帶來永續價值。就像喬丹的品牌價值一樣，即使早已退休，喬丹的名字，仍然是籃球世界不變的第一品牌。

　　2016年，喬丹獲頒了美國總統頒發的自由勳章。

　　身為公牛隊頭號粉絲的美國前總統歐巴馬說：「自由勳章不僅僅代表著我國最高的榮譽，更是對所有讓這個國家變得更好的人的一種致敬。」「喬丹不單單只是一個標誌，更是史上最偉大的兩支球隊中的最偉大球星。」（1992年夢幻一隊、1995-96年公牛隊）

　　即使喬丹早已在2003年退休，掛著喬丹飛人標誌的籃球鞋，仍然是全世界最暢銷的代言鞋，而喬丹接班人的封號，也早已經不是在找尋帶著喬丹影子的球星，而更像是在尋覓下一個NBA的

招牌。

在喬丹獲頒自由勳章時，人們是這麼介紹他的：

「喬丹象徵著一種偉大，他定義了一個人對自己所屬領域的專業和卓越表現，並且得到每一個人的認可。這是很罕見的。」

「喬丹的名字就是卓越的同義詞，他的吐舌動作與飛翔灌籃，重新定義了籃球運動，使他成為了全球的超級巨星，影響力超越了籃球運動，為我們國家帶來更寬廣的文化。」

「他的人生與成就影響著數以百萬計的美國人，使大家努力讓自己像個喬丹（Be Like Mike）。」

創新

喬‧福爾克斯　Joe Fulks

　　NBA的前身BAA成立於1946年，當時球員打球的風格及樣子，其實與現在大不相同。

　　試想我們第一次接觸籃球時所採用的投籃方式，不是用單手丟出就是雙手平推，在BAA／NBA創立之初，不少球員就是採用這種不成熟的投籃姿勢出手。在當時的籃球世界裡，球員都認為雙腳不應輕易離開地面，因為這將會失去在攻防時的反應空間及時間。

　　然而，當時有一位外號「Jumping」的球員福爾克斯，擁有當時超越所有同儕的彈跳能力，於是他在投籃時並不像其他球員將腳緊緊釘在地板上投出，而是憑藉著自己的優異彈性，起跳至最高點出手，利用起跳後的高度及滯空，去降低對手防守的干擾性。在BAA／NBA創立的前幾年，根本沒有人能夠確實地封鎖他的跳投。福爾克斯的這種出手方式，定義了早期籃球的重要技

巧。

在那個每場球隊平均得分不到八十的年代，他在首季個人就有著二十三·二分的平均得分，不但領先群雄，更是惟一一位得分能夠超過二十分的球員，不但是史上的第一位得分王，更率領著費城勇士隊，拿下史上的第一座冠軍。

到了1949年2月10日，他更曾在比賽中一舉攻下六十三分，創下當時的聯盟歷史得分紀錄，長達十年無人能夠打破。值得一提的是，福爾克斯生涯命中率僅有30%左右，很低嗎？不，事實上在1947-48年球季的那個年代，聯盟平均的投籃命中率，差不多也就是在28%左右的水準，福爾克斯的30%，已經算是相當質量兼具了。

而他這種結合投籃及跳躍的方式，漸漸延續到現代，現在幾乎人人都能來上幾招「跳投」，更透過不斷結合新的元素，跳投又有了更多元的變化，後仰跳投、位移跳投、騎馬跳投、後撤步跳投等等。

其實這種透過多元組合的方式，而發明出新招式的思維，就是一種「創新」的基礎。事實上，除了福爾克斯的跳投外，從NBA籃球的起源、助攻到灌籃，皆是透過許許多多改變組合後的創新才形成的。

籃球的起源

　　1891年，在一座基督教青年訓練學校的體育館內，一位體育教師，為了在冬季時讓眾人能在室內運動，他由小孩投球入「桃籃」的遊戲中得到了啟發，將兩個桃籃分別釘在體育館看台兩邊的欄杆上，桃籃上沿高三·〇四米，以「足球」作為比賽球向桃籃投擲，投入即得分，並將這種遊戲當成一種競賽。

　　這位籃球創始人生於1861年11月6號，而作為肯定球員終生成就獎的「籃球名人堂」，就是以此人之名來命名的，他是詹姆斯·奈史密斯（Dr. James Naismith）。

　　這項運動經過多年的演進，桃籃漸漸改為鐵籃，再改為鐵圈下掛網，再經過了數十年的發展，成了現代的籃球運動。

　　當初又有誰能意料到，沒有太多規則的投「桃籃」遊戲、再配上一顆「足球」，竟然會發展成如今風靡全球的籃球運動呢？

控球及助攻

　　在NBA籃球發展的初期，控球後衛的主要任務，是老老實實地將球帶過半場後，想辦法將球交給最有把握的隊友出手投籃，就比賽的重要程度來講，控球後衛其實是相對較低的。

　　直到一位名為鮑伯·庫西（Bob Cousy）的控球後衛出現後，轉變了這樣的觀念。過去球員傳球，講究的是愈能平穩地把球交

給隊友，就是一個愈好的控球後衛，偏偏鮑伯・庫西完全不吃這一套，他將傳球變成了他創新的舞台。

他是最早使用「背後」傳球、「地板」傳球及「不看人」傳球（No Look Pass）的先河，甚至他還大膽地與隊上的主力中鋒比爾・羅素（Bill Russell）玩「空中接力」傳球，將原先單調的傳球，變成了極具表演性及觀賞性的招式。

這樣的創意傳球方式，也延續到了現代，無論是在街頭籃球，甚至是職業聯盟，結合各種創意的傳球，不但成了球星表現自我的方式，更為球迷所熱愛。

灌籃

早期的灌籃動作，只被視為一種略顯粗魯的得分手段，並沒有什麼表演性質的成分，直到朱利爾斯・厄文（Julius Erving）的出現，灌籃開始成了一種極具藝術表演性質的招式。

他將原先用來罰球的「罰球線」，變成他灌籃的起跳線，發明了「罰球線灌籃」，這招灌籃成了不少後代球星向他致敬的絕招之一。此外，諸如拉竿、背後、雙球灌籃等等，都在他的手上奠定了不少灌籃表演的根基。

到了現代，有愈來愈多的元素結合在灌籃裡，並在每一年的灌籃大賽中被演繹出來，諸如胯下灌籃，飛越吉祥物或跑車灌

籃，360度灌籃等等，其實所有的創新灌籃，都是源自於不同元素的創意結合。

創新的本質：相異元素的結合

荷蘭經濟學家熊彼得（Joseph Schumpeter）於1912年最早提出了「破壞性創新」的思維，所謂的創新，就是將原始的生產要素，透過重新「排列組合」的方式，找出全新的模型，以提高效率或是降低成本的經濟過程。

之後哈佛大學教授克里斯坦森（Clayton Christensen）亦提出，所謂破壞性創新，就是設計出足以破壞現有市場、改變過去習慣的創新。

從這點可看出，所謂的創新從來不是在無中生有創造新玩意，他們只不過是將其他人都沒想到的兩種或多種元素，作了巧妙的重新組合罷了。從詹姆斯・奈史密斯發明了籃球運動，福爾克斯發明了跳投，鮑伯・庫西開始使用背後運球，再到朱利爾斯・厄文的罰球線灌籃。

只要能夠打破過去所習以為常的框架，就能從中找到「創新」的可能。

演化

喬治·麥肯　George Mikan

　　在NBA／BAA成立之初，多數的球員認為所謂的籃球運動，最重要的兩項能力應該是速度及準度，因為這兩項技能決定了一支球隊的進攻能量，而籃球比賽要贏，比的正是看哪支球隊的得分更高，不是嗎？

　　直到1948年，一位名為麥肯的球員出現，整個籃球世界才有了革命性的「演化」。

　　麥肯身高6呎10吋（約208公分），在當時聯盟中鶴立雞群，可以說是整個聯盟中惟一的一位巨人。可怕的是，他還不是那種運動能力緩慢的巨人，麥肯在絕對身高的優勢下，還同時具有敏捷性及協調性，能夠主宰攻守兩方的禁區。

　　在麥肯加入聯盟的第一年，就率領明尼亞波利斯湖人隊拿下了當年的總冠軍，不但生涯的前五季都是聯盟得分王，職業生涯的前九年，更囊括了七次的總冠軍，幾乎橫掃了同一時代的所有

對手。

當時擁有最多觀眾的紐約尼克隊主場麥迪遜花園，就曾在館場的大型看板中打出「今晚賽程：麥肯 vs. 紐約尼克隊」來突顯麥肯在聯盟中的強大主宰力。

然而，最讓對手頭痛的地方，還不是麥肯強大的禁區威脅力，而是在防守端。由於早期尚未有妨礙中籃（Goaltending）的規定，擁有絕對高度又有速度的麥肯，在每場球賽中都可輕易地將每顆侵犯自家籃框的球轟出領地，有麥肯坐鎮的禁區，籃框就像加了蓋子一樣難以逾越，可是這嚴重破壞了比賽的可看性。

為了讓比賽「能比下去」，於是聯盟也修改了許多的籃球規則。可以說，麥肯的出現，讓整個籃球世界有了天翻地覆的「演化」。首先，禁區的範圍由6呎（約1.8米）改變為12呎，也間接促成了二十四秒進攻時限的使用，更在各級籃球比賽中加入了妨礙中籃的規則。

最重要的是，籃球從此被定義為「長人」的運動，擁有絕對高度的明星「中鋒」，成了籃球世界拿下總冠軍的「必要條件」。

籃球世代的演化

擁有「超級中鋒」的球隊，才有打造王朝球隊的機會，這樣

的觀念從麥肯開始，幾乎延續長達數十年之久。

　　當麥肯於1956年退休後，1960年代的聯盟是屬於比爾‧羅素（Bill Russell）及威爾特‧張伯倫（Wilt Chamberlain）兩位中鋒的時代，前者在十三年間包辦了十一次的總冠軍，後者則幾乎打破並創造所有的個人紀錄，到了1970年代後，天鉤賈霸（Kareem Abdul-Jabbar）在二十年的職業生涯中，則是砍下了史上最高的總得分，迄今無人能及。

　　1956年才開始頒發的年度MVP，是聯盟中個人最高的榮譽獎項，而在1956年到1983年的前二十八年中，中鋒球員就包辦了其中的二十二屆，可以說，在NBA及籃球世界最早的數十年間，籃球就是屬於長人中鋒的天下，惟有陣中擁有一位明星中鋒，才有機會挑戰總冠軍。

　　直到1980年代魔術強森（Magic Johnson）及大鳥柏德（Larry Bird）的出現，這種中鋒獨占鰲頭的態勢才開始有了些變化，到1990年代喬丹（Michael Jordan）的崛起後，更是正式打破了「擁有好中鋒，才有機會拿下總冠軍」的定見。

　　此後，大家從不斷尋覓下一位明星中鋒，轉變成尋覓下一位喬丹，也就是他的「接班人」。從1990年代的柯比‧布萊恩（Kobe Bryant）到2000年後的雷霸龍‧詹姆斯（LeBron James），這些能夠飛天遁地的鋒衛球星，就成了聯盟及球迷的最愛。

經過不斷的「演化」，優秀的長人球員愈來愈不愛打中鋒，於是從提姆・鄧肯（Tim Duncan）、凱文・賈奈特（Kevin Garnett）到德克・諾威斯基（Dirk Nowitzki）等七呎長人，愈來愈不願意待在中鋒的位置上，開始掀起全能大前鋒的時代，近年甚至隨著史蒂芬・柯瑞（Stephen Curry）及「小球戰術」的成功，中鋒開始式微，成了場上最不重要的一個位置。

其實這就是一種物競天擇的「演化」過程。

演化：適者比強者更容易生存

達爾文所提出的《演化論》中，最初是以「天擇論」及「地擇論」為基礎，之後又加入了「性擇論」的思維。

「天擇」指的是在演化過程中，該物種是否具有適應當時環境的能力，這決定了能否生存抑或被淘汰的結果。早期NBA是屬於中鋒長人的時代，所以就算一個球員的球技不特別出眾，只要擁有一定的身高，通常仍舊能在球隊中找到一席之地。然而，到了愈來愈重視速度及準度的現代籃球，空有身高的球員已經不再受到青睞了。

「地擇」指的是在演化過程中，隨著地理環境的不同，原先的物種面對不同的環境後，而可能會演化成不同特徵的物種。這一點道出了選擇球隊的重要性，如果一位好球員，被放到了不對

的球隊中，就有可能無法發揮其強項，而走向完全不同的結果。

「性擇」指的是在演化過程中，同一物種會爭食及爭偶，最後同物種當中最強的那個得以生存下來。所以，就算在中鋒為王的時代，往往也只有最強的那個能夠主宰聯盟，就像 1950 年代的麥肯一樣。

能夠在 NBA 聯盟發光發熱的球員，不但要能夠適應屬於自己的時代，還要能夠待在適合自己的球隊，最重要的，還要能打敗跟自己同類型的對手，才有機會在這個物競天擇的演化中脫穎而出。

達爾文曾說：「最終能生存下來的物種，不是最強的，也不是最聰明的，而是最能適應改變的物種。」

就像恐龍很強大，更曾經是地球的支配者，然而也許是隕石的衝擊，也許是氣候的變遷，恐龍最終因為無法適應改變，就此消失在地球上。蟑螂看似很弱小，卻有著長達一億年以上的演化歷史，迄今仍然堅強地活在每一個人的家中。

效率

威爾特 · 張伯倫　Wilt Chamberlain

　　誰是NBA史上最有「效率」的球員？

　　事實上NBA提供了一套官方公式，來計算一個球員待在球場上的「效率值」，這個效率值是由一位數據專家約翰·霍林格（John Hollinger）所發明，透過量化的方式，來衡量球員在球場上的效率指標。

　　這個效率值的公式為（得分＋助攻＋籃板＋抄截＋阻攻）－（投失球數＋罰失球數＋失誤數），即是將球場上所有正面的數據相加後，減掉所有負面的數據，最後再除以該賽季的比賽場次，即為該季最後的PER效率值。

　　而史上能夠稱霸這個效率值榜單最多球季的球員，就是有著上古神獸之稱的張伯倫，他整整有八個賽季的效率值（PER）稱霸全聯盟，為史上第一。

　　除此之外，張伯倫還在NBA的歷史上同時留下了不少可怕的

天文數字。

　　單場100分，單季總得分4029分，單季平均得分50.4分，新秀年平均得分37.6分，生涯40分以上、50分以上、60分以上、70分以上的場次等，得分王七連霸，張伯倫這些得分相關的紀錄，皆為史上第一。

　　單場55籃板，單季2149籃板，單季平均27.2籃板，新秀平均27.0籃板，生涯23924籃板，11次的籃板王，張伯倫這些籃板相關的紀錄，也都為史上第一。單季投籃命中率72.7%，單季上場3882分鐘、平均上場48.5分鐘，亦皆為史上第一。

　　可以說，張伯倫就是NBA的紀錄大王，除了八個賽季稱霸效率值榜外，張伯倫更曾在1961－62年、1962－63年二個球季創造了高達31.8的效率值，這個紀錄亦為史上第一。

NBA的紀錄大王

　　籃球是團隊運動，然而當陣中有一位球員的攻守「效率」，遠遠高於其他人時，你很難不把球交給他，因為大家都知道，他可以最有效率地幫助球隊將球塞進對手的籃框中。

　　當張伯倫在NCAA的大學時期，他在球場上的高效率，就已經成為對手的夢魘，那時大學教練還為張伯倫發明了一項絕招，當球隊於進攻端發底線球時，球隊的後衛站在籃板後方，將球高

吊過籃板後直直下降，張伯倫就直接起跳把球塞進籃框，球場中既無人比他高又無人體能比他好，只能眼睜睜地看著他從天邊摘下籃球轟進籃框。

為了對付張伯倫這招，各隊也只能在自家的籃板上方架起網子阻礙他，然而這招也僅限於在主場能夠使用。對手在無計可施下，只好聯合起來上告NCAA當局，扯出「灌籃有斷手之虞，應予禁止」的荒謬理由，希望降低張伯倫在場上的肆虐力！

張伯倫進入了NBA後情形依舊，當他在禁區拿到球時，甚至不用看籃框，只要輕輕踮起腳，就能輕鬆將球拱進籃框。擁有7呎1吋（約216公分）的身高及優異的臂長，同時還擁有過人的力量及彈速，幾乎無人能夠有效防堵張伯倫，他也成為當時球場上最具破壞比賽平衡的存在。

1961-62年球季，是一個傳奇的球季，張伯倫在這個球季全季有著50.4分、25.7籃板的神鬼數據，創造了NBA史上最高的單季平均得分，更在1962年3月2日出戰紐約尼克隊的一場比賽中，單場轟進了一百分，創造史上最高的單場平均得分。

這場比賽從一開始張伯倫就完全統治了比賽，第一節獨得二十三分、第二節補上十八分、第三節再灌進二十八分，而此時隊友及對手也都嗅到了不尋常的味道，於是隊友不斷將球餵給張伯倫來取分，對手則傾全隊之力防堵他拿球，守不住時，就刻意

犯規將不擅長罰球的張伯倫送上罰球線，偏偏這場比賽張伯倫的罰球如有神助，全場罰三十二球進了二十八球，就在這種詭譎的比賽氣氛中，張伯倫在第四節又轟進了三十一分，創造了個人單場一百分的NBA歷史紀錄。

張伯倫還曾囂張地說：「一個人打球真無聊。」可以說，張伯倫就是不折不扣的效率王。

效率

所謂的效率，通常是指在一定時間或資源條件的「投入」下，能夠創造相對較高的「產出」，即為有效率，反之則是無效率。換言之，效率就是盡可能避免資源的浪費，來讓每一分資源都能達到一個更好的運用，最後達到一個最理想的產出。

效率的重要性，深深影響著每一個時代的不同經濟結構。

農業經濟時代，人們透過耕牛及農具，努力地提升農作效率，增加農產品的收成。工業經濟時代，人們透過製程及機器，努力地提升生產效率，增加工業品的產出。知識經濟時代，人們透過學習及思考，努力地提升大腦效率，增加自領域的專業。

而在NBA打球的每一位球員，也努力地提升自己在球場上的效率，以增加自己球場上的競爭力。

然而，有趣的一件事是，雖然張伯倫貴為史上效率值最高的

球員，更幾乎輾壓同時代所有的對手，然而，張伯倫縱橫NBA的十四個球季中，卻僅僅只在1967年及1972年兩個球季拿到總冠軍。擋住張伯倫冠軍路的最大對手，正是波士頓塞爾提克隊傳奇中鋒的比爾・羅素（Bill Russell）。

若從他們職業生涯的「個人表現」來看，張伯倫在各項的數據上，皆遠勝過羅素，可見張伯倫的「效率」應該比羅素更高，顯然，效率並非惟一一件重要的事，想要贏球，除了「效率」之外，可能還有著另一件更重要的事情，就是「效能」。

效能

比爾・羅素　Bill Russell

1961－62年球季是NBA史上一個極具傳奇色彩的球季，不少NBA的歷史紀錄都出現在這一個不平凡的賽季中，當年NBA「年度第一隊」，更是個個都打出史詩級的表現。

第一隊的控球後衛奧斯卡・羅伯森（Oscar Robertson），在這個球季的數據為30.8分、12.5籃板、11.4助攻，創造了史上第一次平均大三元的紀錄，徹底顛覆了過去人們對於後衛球員的想像。

第一隊的得分後衛是傑瑞・衛斯特（Jerry West），他是NBA標誌中裡那個球員的原型，因此也被稱為Logo Man（標誌人物）。他在這個球季有30.8分、7.9籃板、5.4助攻的不凡演出，更在這個球季率領湖人隊一路打入了總冠軍賽。

第一隊的小前鋒是艾爾金・貝勒（Elgin Baylor），他被譽為第一代的飛人球星，在這個球季有著38.3分、18.6籃板的表現，

38.3分這個平均得分，更是NBA歷史上所有的鋒衛球員之最。

第一隊的大前鋒是鮑伯‧派提特（Bob Pettit），他曾於1956、1959年二度獲得年度MVP的肯定，更曾率領球隊拿下1958年的總冠軍，這個球季有著31.1分、18.7籃板的表現，平均得分為個人史上最高的一季。

第一隊的中鋒是威爾特‧張伯倫（Wilt Chamberlain），他在該球季拿下單場100分，全季有著50.4分、25.7籃板的效率，不但是聯盟的得分王及籃板王，且這場單場得分及平均得分紀錄，皆為史上第一。

1961－62年球季年度第一隊的五人，不但平均得分都超過三十分，更締造了無數的歷史紀錄。有趣的是，這個球季的年度MVP及總冠軍頭銜，卻不在這五個人的手中，而是屬於平均僅有十八‧九分的比爾‧羅素。

為什麼？

雖然羅素的得分不多，卻透過防守及領導隊友，率領球隊拿下全聯盟最佳的六十勝戰績，這項戰績獨步聯盟，到了季後賽羅素更是一路過關斬將，率領球隊拿下了該球季的冠軍。

「效能」之王

羅素為NBA史上擁有最多總冠軍頭銜的球員，他在十三年的

職業生涯中，就率領球隊奪得了十一次的總冠軍，其中還包括了八連霸，不但前無古人，可能後也難有來者了。

大部分的明星球員，都會是球隊的得分王，羅素的主宰力卻不是來自於得分，在其十三年的職業生涯中，他的單季得分從未超過二十分，生涯平均得分也僅有十五‧一分，他最大的影響力是來自於防守端及提升隊友。

不同於其他人防守時以將球轟出界為樂，羅素在防守時從不隨進攻者起舞，而是能夠抓住對方出手的瞬間，阻斷對方的進攻而取得球權。羅素的阻攻不單單能阻擋對方的進攻，且經常是球隊反擊的契機，防守後的球往往能落於己力隊友附近，甚至直接將球轟向前場展開第一時間的反擊機會。

張伯倫曾說過：「羅素的防守與其他球員根本不在同一個層級。」羅素掌握了籃球的本質，從來不追求數據，也不以蠻力競爭，而是以腦袋來較量，滿足球隊的各項所需。

羅素的領袖魅力及智慧防守，改變了整個籃球世界的觀念。他的成就告訴了人們，不強求得分數據，出色的防守照樣能夠幫助球隊贏得冠軍，獲得榮耀！

如果說創造無數個人紀錄的張伯倫是NBA史上的「效率」之王，那麼，羅素，就必定是「效能」之王。

效率與效能

效能與效率,有什麼差別?

管理大師彼得杜拉克曾界定了「效率」及「效能」之不同,所謂的效率(Efficiency)是「把事情做對」(Do the thing right),「效能」(Effectiveness)則是「做對的事情」(Do the right thing)。

效率著重於「過程」,以過程為導向,把事情做好,善用資源,著重在投入資源及產出之間的關聯度,以追求該任務得到最好的表現。

效能著重於「結果」,以結果為導向,做對的事情,找到正確的方向,以求目標能夠確實完成,達到最佳的結果。

效率及效能都很重要,然而不少的管理評論指出,當「效率」及「效能」只能夠二擇一時,效能更為重要,因為有效率沒效能,就像是一群很能幹、做事有效率的人,卻總是在幹些不重要的任務,任務完成得再完美,對於最終的結果幫助並不大。反之,有效能沒效率,至少是朝著正確的方向在前進,雖然走得不一定很快,最終仍能取得一定的成果。

羅素及張伯倫在職業生涯中一共對上了一百四十二場比賽,張伯倫的數據為28.7分、28.7籃板,羅素的數據為14.5分、23.7籃板。可以說,在「效率」的比拚上,張伯倫明顯優於羅素。

然而,他們一共八次在季後賽對壘,張伯倫卻僅僅從羅素手

中贏得了一次比賽。可以說，在「效能」的比拚上，羅素完勝了張伯倫。

有人說，張伯倫落入了多數人都喜歡的數據遊戲，拿下最多的分數，搶下最多的籃板，所有的數據都是第一，偏偏在勝場上，就不是最大贏家，這就是有了效率卻沒了效能。

隊友是這麼評價羅素的：「聯盟有兩種超級球星，一種能讓自己的表現凌駕於其他球員，一種是會使周遭的隊友變得更好，而羅素正是屬於後者。」

羅素生涯十三季皆率領球隊打入季後賽，一共抓下 4101 個籃板、平均 24.9 籃板、奪下其中的十一次冠軍，並完成八連霸，以上所有的紀錄，皆為史上之最。羅素的成就，讓 NBA「總冠軍賽最有價值球員」（FMVP）以羅素之名命之。以著重結果導向的「效能」來看，羅素無疑是史上最偉大的勝利者。

絕招

卡里姆‧阿布都一賈霸　Kareem Abdul-Jabbar

　　NBA的絕招何其多，因此每當討論起NBA「十大神兵」時，每一個人的心中都可能會出現不同的名單，如喬丹（Michael Jordan）的後仰跳投，魔術強森（Magic Johnson）的聲東擊西，哈基姆‧歐拉朱萬（Hakeem Olajuwon）的夢幻步伐，俠客‧歐尼爾（Shaquille O'Neal）的禁區轟炸，史蒂芬‧柯瑞（Stephen Curry）的三分神射等等。

　　然而，若要選出十大兵器之首，縱橫NBA二十年的賈霸天鉤（Sky-Hook），可能會是多數人心目中的答案。

　　天鉤可能是最簡單，卻又最穩定、最具有殺傷力的絕招了，它的可怕之處在於當賈霸拿到球後隨便一站，只要對手不立刻包夾防堵，讓他有了施展天鉤的空間，這一球幾乎就已十拿九穩。

　　賈霸在要到球時會先將球置於腰際，背對籃框，以左腳為軸，慢慢抬起右腳，左肩及手肘為牆，右臂畫出一個弧形由自己

的肩膀鈎出。天鈎有著異於常人的平衡及節奏感，不但出招的手整個打直外，另一隻手更成為強大的屏障，讓對手難以防堵。

他的天鈎與一般鈎射不同，出招時賈霸的手臂幾乎完全打直，僅利用手腕的力量及巧勁來控制球的力道與弧度，因此當賈霸以7呎2吋（約218公分）的場上絕對高度操刀時，幾乎成了無法防守的「天鈎」障礙。

賈霸的鈎射球，彷彿由天而降般，進攻範圍廣及罰球線，可以說幾乎整個禁區都在其進攻範圍內，禁區左邊的底線，是天鈎最常啟動的地方，賈霸一拿到球就翻、翻了就進，防守者對這招摸不到又守不住的絕技，只能乞求他的命中率低一點。

當時還有句玩笑話說：「要守住天鈎惟一的辦法，就是對著賈霸的護目鏡吹氣，讓它起霧遮住視線。」

多數的禁區球員都可能習得一招半式的鈎射功夫，然而卻找不到第二個人能擁有如賈霸的天鈎技巧，如今正宗的天鈎絕招，僅能由賈霸的歷史影像中，供後人學習及回味了。

賈霸征戰NBA球場二十年，攻下史上最高的三萬八千三百八十七分，奪下史上最多的六座年度MVP、加上無數的個人榮譽，「天鈎」絕對是創造這些不朽紀錄的關鍵武器。

絕招的源起

天鉤的源起是由何而來？

事實上在開始使用天鉤之前，賈霸就已經是個充滿主宰力的球員了。於UCLA的大一新生時期，賈霸就率領著大一的菜鳥聯軍，以75-60打敗當時尋求NCAA連霸的超強校隊。

當時的校隊主將蓋爾·古德里奇（Gail Goodrich）就曾自嘲：「在全國我們是第一名的球隊，但在自個家卻不過是個二當家。」除了大一時期受限於規定不能上場比賽外，往後的三年間，賈霸為球隊連續奪得了三屆NCAA的總冠軍，輕易地統治了整個大學籃壇。

當時因為他在NCAA的統治力太過強大，為了平衡比賽，NCAA還曾因此祭出禁止灌籃的規則，賈霸並沒有被規則給打敗，反而順應了「不灌籃」這條規則，發展出了一招就算不灌籃，仍然能以最靠近籃框的方式，十拿九穩地將球送進籃框的招式，這招式就是「天鉤」。

這條不合理的限制，不但沒有困住賈霸，反而讓他球技進化了，擁有了一招即使進入了職業聯盟，仍然能夠持續使用長達二十年的神兵絕技。在當時，傳奇中鋒比爾·羅素（Bill Russell）還曾評價說：「天鉤在二十年內沒有人可以阻擋。」

賈霸進入NBA後，用短短一年的時間，便率領公鹿隊於

1970–71年球季,贏得了隊史上第一座NBA總冠軍,之後於
1975–76年球季加入了湖人隊,再與魔術強森(Magic Johnson)
聯手收下五座NBA總冠軍。

　　從來沒有一位球員能像賈霸一樣,在NBA球場上稱霸這麼
久,他甚至曾以三十八歲的高齡率領球隊奪冠的同時,自己也得
到總冠軍賽FMVP,成為史上年齡最大的FMVP得主。能夠高效
在球場如此之久,這招史上最有效率的絕招「天鈎」居功厥偉。

與其多才多藝,不如掌握關鍵絕招

　　在商業環境中,能夠為企業帶來永續競爭力的,通常不是多
元能力,而是擁有關鍵性的核心競爭力。所謂的核心競爭力,指
的是能為公司帶來長期超額利潤的技能或技術,且不容易被競爭
對手仿效的「絕招」。

　　管理大師哈默爾(Gray Hamel)與普哈拉(C.K Prahalad)
曾指出,想要在長期競爭中持續勝出,靠的不是一時運氣或短期
暢銷商品,而是必須擁有一項能夠長期創造價值的獨有技能或技
術,才能在持續變動的環境中,保有永續的競爭力。

　　多才多藝聽起來似乎是一件好事,然而,如果我們沒有一
項真正能為自己帶來絕對優勢的「絕招」,其實並不容易脫穎而
出。

賈霸曾拜李小龍為師，甚至參與過李小龍的電影演出，李小龍曾說：「不要畏懼一個人練習一萬種踢腿，而要畏懼他練習同一種踢腿一萬次。」

　　與其樣樣通、樣樣鬆，不如真正專精一項技能，將這項技能練到爐火純青，再進化成自己獨一無二的「絕招」。想要建立起一項這樣的絕招並不容易，需要長年累月的累積，但也正因為如此，他才能成為競爭者的進入障礙，能夠永續保有競爭優勢。

　　因為賈霸的天鉤絕招太過有名，因此不打籃球的人，可能不一定能夠叫出他的全名，但卻幾乎所有的人都聽過「天鉤賈霸」這個名號。賈霸的故事告訴我們，多才多藝是一件好事，然而，如果缺少了能夠帶來永續競爭力的「絕招」，其實仍然難以邁向卓越。

風格

朱利爾斯・厄文　Julius Erving

　　從古迄今，所有最偉大的藝術家，都不是流行文化的追隨者，而是流行文化及風格的開創者。就像談到繪畫，我們都會想到畢卡索風；談到動畫，我們會想到迪士尼。而談到NBA史上最具風格開創性的球星，飛人史祖厄文可能是最具代表性的一個。

　　我們生存的空間中，所有事物都有其質量及體積，而構成體積的要素則要有長、寬、高，三者所組成的範圍即為三維空間，人類文明史上的物理學都建構於此三維空間裡，而在此空間之上的四維空間，指的是時間的流動與靜止。

　　在1970年代就出現了一位球星，他讓球迷第一次感受到，原來一個人跳到空中後，竟然能像時間暫時靜止了一般，做出如此多不可思議的動作，就像暫時進入四維空間一樣，這位球員正是有著J博士之稱的厄文。

　　厄文在空中滯留的高度及時間，就像與其他人活在不同的時

空一般。擁有一雙能完全掌握籃球的大手,以及能夠長時間停留於空中的雙腿,他可以抓著球飛向對方的防守禁地,在空中滯留許久後,再決定如何將球送進籃框。

在厄文出現之前,有些球員會灌籃,但灌籃被視為一種略顯粗魯的得分手段。直到厄文出現後,人們才真正了解,原來灌籃可以成為一種個人風格的揮灑與表現,厄文在其籃球生涯中,用各式各樣的花式灌籃,重新定義了灌籃的意義,讓灌籃成為一種風格藝術。

厄文將原先用來罰球的罰球線,變成他灌籃的起跳線,發明了罰球線的灌籃,這招灌籃成了不少後代球星向他致敬的絕招之一。此外,諸如拉竿、背後、雙球灌籃等等,他在當時的灌籃大賽及實戰比賽中所展現的各種灌籃,相當程度地奠定了未來灌籃表演的方向及根基。從厄文開始一直發展到現在,才有愈來愈多的空中創意被激盪而出。

教練凱文‧洛克里(Kevin Loughery)曾說:「厄文是第一個會飛天的人類,他開天闢地創造了新境界。」

開創一種新風格

厄文於1971年開始其ABA職業生涯,且在ABA打了五個球季,就拿下了三次得分王、三次年度MVP及二座總冠軍。於

1976合併正式加入NBA聯盟後，在其十一年的NBA生涯中，不但年年都入選全明星賽，更曾奪下1981年的年度MVP及1983年的總冠軍。成為少數能夠同時在ABA及NBA兩大聯盟都曾經獲得年度MVP及總冠軍的球星。

　　厄文的出現，更被認為是1976年ABA與NBA兩大聯盟合併的重要催化劑之一。他在兩個聯盟加起來一共拿下超過三萬分，是那個時代最具得分爆發力的鋒衛球星。

　　他或許不是史上最偉大的球星，但卻可能是最具有風格的球星，他開創了一個新時代，一個空中技巧及華麗灌籃的時代，讓比賽從此充滿了想像力及表演性。厄文外號「J博士」，J是他名字的縮寫，亦有Jump之意，讚賞其「飛行」能力的出神入化，而「博士」這美名，則是對其球場藝術的展現表達了最高的敬意。

　　1980年總冠軍賽第四場，厄文率領76人隊挑戰西霸天湖人隊，在一次的進攻中，厄文從球場右側跨步過人並起飛殺入禁區，傳奇中鋒卡里姆・阿布都－賈霸（Kareem Abdul-Jabbar）立刻包夾建立起防守網，已在空中的厄文，竟能在空中改變飛行的方向，在空中滯留許久後，單手抓著球由籃板另一方飛出天際，將球輕巧地擦板投進。這個動作被認為是NBA球賽中最美的動作之一。

魔術強森（Magic Johnson）說得好：「我們該如何做？發球反攻？還是請他再表演一次？」

大鳥博德（Larry Bird）亦曾表示：「當厄文飛入空中後，你往往希望能夠看到他剛才動作的重播鏡頭。」

就連喬丹（Michael Jordan）都曾說：「若我未曾看過厄文在全盛時期的球場演出，我就不可能擁有現在的籃球視野。」

從這些偉大球星的評語中不難看出，厄文對於籃球世界的影響有多大。

風格

即使是在職場及商業環境中，所有能夠引領流行者，都一定有其鮮明的風格，就像蘋果電腦（Apple）有其不凡的「工藝美學」，賓士汽車有其傑出的「動力美學」，路易威登（Louis Vuitton）有其獨有的「時尚美學」，事實上正因為他們擁有這些他人沒有的風格，才能讓他們與眾不同，成為永續競爭力。所以與其成為一個流行的追求者，不如成為風格的開創者。

厄文不單是在球場上的表現充滿了話題，即使在場外也是焦點人物，他在當時以一頭爆炸頭，帶領了1970年代的造型風格，而私底下卻又是個親善大使，讓對手及隊友對他都一樣尊敬。

厄文不單統治了自己時代的球賽，更改變、形塑了這項運動的新風格。他改變了人們對這項運動既有的觀念框架，他所帶來的比賽風格，深刻影響了籃球運動整整數十年之久，成為所有後人仿效及追隨的對象，更不乏球星透過灌籃來向他致敬。

　　當厄文於1986－87年球賽宣布準備退休時，那一年的整個賽季就成了厄文的巡迴演出，他每到一個場館，都受到偌大的歡迎。

　　想要成為一個時代的強者，可能只要實力夠強就可以，然而想要引領一個時代，就一定需要擁有足以創造該時代潮流的風格，而厄文可能正是NBA史上最具「風格」的球星。

偷師

魔術強森　Magic Johnson

　　1969年的選秀狀元賈霸（Kareem Abdul-Jabbar），是 NBA 1970年代最具代表性的球星，他在這十年中就包辦了六座年度 MVP，然而，除了1970-71年球季拿到生涯的首冠外，他都無法 再憑一己之力拿到冠軍。直到1979年另一位選秀狀元魔術強森 加盟後，他們才共同開創了湖人隊1980年代的王朝盛世，一口 氣再度拿到五座冠軍。

　　孤傲的賈霸非常不善於與媒體互動，魔術強森的天性卻恰恰 相反，魔術強森善於應付媒體，樂於分享及創造話題，比賽風格 更是絢麗奪目，為洛杉磯這個娛樂大城，吸引更多人的高度關 注。

　　1980年的NBA總冠軍決賽，是魔術強森的新秀年，卻也同 時是魔術強森揚名立萬，展現出自己的領袖魅力的時刻。由於賈 霸受傷無法出賽，於是魔術強森在決定勝負的第六場比賽接下了

中鋒的位置，獨力面對76人隊的7呎大中鋒。

最後，魔術強森完全補足了賈霸缺陣的戰力空缺，在這場比賽獨得了42分、15籃板、7助攻，完全掌控了攻守大旗，為湖人隊贏得了1980年代的第一個總冠軍，從此開啟了湖人隊1980年代的紫金王朝。

賈霸是1969年的選秀狀元，而魔術強森則是1979年的選秀狀元，兩人都是萬中選一的天之驕子，但這支湖人隊卻能夠保持良好的化學效應，就在於兩人亦師亦友的關係。魔術強森雖然貴為天才型球星，卻很願意向傑出的人「偷師」，魔術強森當年加盟湖人隊時，見到賈霸的「天鉤」絕招，如獲至寶，立刻拜師求藝。

而賈霸也願意無私地傳授給他這位天才學生自己的絕招，他們總在球隊練習結束後，留下來一對一授課，賈霸鉤一球，魔術強森鉤一球，從姿勢、技巧到站位，都是魔術強森學習的標的，於是身為控球後衛魔術強森，卻能擁有許多禁區的進攻技巧及威脅力。

然而，即使是「偷師」，他在練習天鉤時也不會照本宣科，因為他很清楚自己並沒有賈霸的高度、臂展及手腕力量，所以不可能完全拷貝他的絕招，而是在現有的基礎上，試著融入自己的特質，創造出新招。於是他活用了自己的控球及靈活度，發明了

更具活動性的「小天鉤」。

1987年的總冠賽，魔術強森就在關鍵的時刻，帶球殺入禁區後使出這招「小天鉤」，給予對手塞爾堤克致命的一擊，最終成功拿下1987年的總冠軍。魔術強森的成功，不單單在於他的天賦，更在於他願意「偷師」，學習更多有用的武器為自己所用。

球場上的魔術秀

事實上，魔術強森並不是第一個將控球結合表演，並融入到比賽的球員，但他卻一定是最具主宰力的一位。他從不拘泥於框架，而是將他人有用的技術都學起來後，再自創新招、獨樹一格。

魔術強森以6呎9吋（約206公分）的身高主打控球後衛，不但有著綜觀全場的籃球視野，更有卓越的組織才華，往往能夠一眼看穿對方陣地的空隙，一箭穿心將球插入對方空檔，直取對手首級。他提高了整個籃球世界的可看性，把助攻這門絕學詮釋的如同一場魔術秀。

魔術強森在帶球推進時，眼神通常會直視防守者，餘光卻已掌握了全場的動向及隊友前進的路線，在助攻的前一刻，轉頭望向其中一邊的隊友欺敵，全身雖已向該方向起跳，球卻往往落向了讓對方無法預估的一方，幫助隊友輕鬆得分。

魔術強森習慣由中路突破，搭配雙翼隊友，形成三線快攻。由於傳球時他能一手將球抓手中，因此球停在手掌上的時間特別久，能視戰局的不同改變傳球選擇，幾乎到最後一刻才能得知傳球的方向與方式，有著指東殺西、背後傳球、地板傳球、佯傳實攻等各種版本。

隊友只要能夠緊緊跟著魔術強森，幾乎就能取得絕佳的出手機會，輪流來個Show Time表演，加上其幾可亂真的神情及肢體動作，讓防守者在被騙的同時，心中卻又不得不為之著迷讚嘆，讓全場的觀眾拍案叫絕。

偷師

不少媒體曾經挑選過NBA歷史上每一個位置的最佳球員，而在控球後衛這個位置上，各家媒體一致都認為，史上第一的頭衛一定屬於魔術強森。他在1980年代率領湖人隊拿下了五座總冠軍，自己還包辦了三次的年度MVP，最重要的是，他透過個人在球場上的魅力及表演力，成功將NBA籃球行銷到了全世界。

湖人隊名教頭萊里（Patrick Riley）認為：「魔術強森可能是所有籃球比賽中最偉大的球隊靈魂人物。」他具有天生的領導才能，具有強大的組織能力，不但能帶領球隊贏球，更能帶領球

迷進入扣人心弦的 Show Time 時間，不但**贏**得比賽，更**贏**得鎂光燈。

　　球場上的成功要「偷師」，事實上在各個領域的傑出人才，也無一不重視偷師的重要性。蘋果電腦創辦人賈伯斯就曾經引用畢卡索的名言：「優秀的藝術家抄襲，偉大的藝術家剽竊。」因為在商業上絕大部分的創新，都不是憑空而來的，而是或多或少偷師了別人的創意，再加以改造改良，最後成為自己的東西。

　　絕大部分的領域，想要最快讓自己變成專家的方式，就是得先懂得「偷師」，將那些有用的先人智慧，好好地偷過來為己所用，才能有機會找出新意。

　　天才如魔術強森也不會因為恃才傲物，而侷限了自己創造新招的可能，能「偷師」，才能「出師」！

偷懶

大鳥博德　Larry Bird

誰是NBA最「偷懶」的球員？

這個問題可能不容易找到答案，因為通常最偷懶的球員，就算真的有機會進到NBA，也會因為不夠努力，很快地消失在NBA的舞台上。

那，誰是NBA最「懂偷懶」的球員？

如果換成這一個問題，那麼答案可能就不一樣了，因為所謂的「懂偷懶」並不等於「偷懶」。懂偷懶代表的是他們懂得不白費力氣、不將力氣用在錯誤的地方上，而是將有限的精神及體力，只用在他們認為最重要的地方上。

二次大戰時的德國元帥曼斯坦（Erich von Manstein）就認為，一個組織中最麻煩的人，並不是愚蠢又懶惰的人，因為他們最多沒有貢獻，也不致於帶來災難。反而愚蠢又勤勞的人才最讓人害怕，因為他們往往會帶來最多的麻煩。

而最成功、最適合成為領袖的，正是聰明又懶惰的人，因為他們懂得用最有效率的方式，來完成最關鍵的目標。

而說到NBA史上最「懂偷懶」的人，被稱為NBA史上籃球智商最高的球星大鳥博德，可能會是一個好答案。

身為一名白人球員，大鳥博德跑不快也跳不高，也沒有過人的強壯體魄，卻能夠縱橫球場十餘載，成為引領一整個世代的超級球星，為什麼？

大鳥博德從來不在球場上跟對手比拚蠻力，而是比拚腦力。

大鳥博德從來不在球場上跟對手比拚速度，而是比拚準度。

而要打擊對方信心，摧毀對手士氣，還不一定得需要動手，有著史上最強垃圾話之王稱號的大鳥博德，經常靠著一張嘴，就能大殺對手的鬥志。

他懂得用最省力的方法，一一打敗所有比他跑的更快、跳的更高的對手。大鳥博德在十二年的職業生涯中，就率領球隊奪得三次的總冠軍（1981、1984、1986），還完成過個人年度MVP的三連霸（1984、1985、1986）。

最聰明的籃球員

大鳥博德並無過人的身材條件及體能優勢，論其速度及彈性，在充滿體能怪獸的NBA中更是相形見絀，然而大鳥博德並不

因此而在聯盟中沉沒，他以超乎常人的自我鞭策及精神力，練就出強大的自信及神射功夫。

大鳥博德於1979-80年球季開始其職業生涯，而NBA剛好也從1979-80年球季，才開始在正式比賽中採用三分球的規則，因此早期並沒有太多的球員重視三分球的運用，大鳥博德卻反其道而行，很快的掌握了三分球的精髓，在三分球尚未普及前，就已經慣於以三分攻勢來撕毀對手的防線。

投籃可說是籃球技巧中，最不仰賴體能條件的技能了，當別人費了九牛二虎之力，好不容易才拿下兩分時，大鳥博德已經可以透過精準的外線投籃拿下三分。他在場上的出手幾乎無跡可循，隨時隨地都可張手開花，從中距離到三分線，無論是在人群中的出手，還是在人仰馬翻時的隨手一投，就是能在出乎意料的情況下將球投進籃框。

他曾經連續三年參與了三分球大賽，充滿自信的他曾在一進休息室劈頭就問：「你們決定誰要拿第二名了嗎？」而連續三年的三分球大賽冠軍，更為這份卓越的自信及神射功夫作了最佳的佐證。

在衡量一個NBA頂尖射手時，有一套50-40-90的超級射手標竿，而NBA史上頭兩次出現這項標竿紀錄，都是出自於大鳥博德之手。

偷懶是一種智慧

　　籃球被認為是黑人的運動，大部分最傑出的籃球員幾乎都是黑人，白皮膚的大鳥博德卻打破了這項定律。而他所憑藉的，絕不是與他人比力氣，而是用比他人聰明的方式來打球，用最少的力氣，最聰明的方式來拿下勝利。

　　勤奮的人習慣用加法做事，在效率固定的情況下，用增加投入來創造產出。懂偷懶的人喜歡用乘法思考，總是思索著如何減少投入，藉由效率的提升來創造產出。

　　比爾・蓋茲（Bill Gates）曾說：「我讓懶人做困難的工作，因為懶人能夠找到最簡單的方法完成任務。」不少的管理評論也曾指出，「懂偷懶」的人在任務的簡化及流程上最具創意，為了避免浪費力氣，他們總是能夠先投入腦力找出最好的方法後，再好好享受新方法所能帶來的各項好處。

　　大鳥博德其實一點也不「偷懶」，還是一個相當勤奮的球員，他花了大量的時間及力氣來磨練自己的球技及投籃，才能培養出其在球場上的制宰力。但他確實是一個相當「懂偷懶」的人，從不在沒有必要的地方浪費力氣，而是招招見效，刀刀見血。

　　大鳥博德相當懂得設定目標，並以最有效率的方法達成，波士頓塞爾堤克隊在他加入前，只能算是支二流的球隊，在他加入

後，新秀球季就以21.3分、10.4籃板、4.5助攻的全能演出拿下新人王，幫助球隊從原本的二十九勝，一舉提升到了六十一勝的強隊之林。賈霸認為「大鳥博德是他所見過最用心的籃球員，比賽時，他的心思總是百分之百全部放在比賽中。」

大鳥博德在球員生涯退休後，曾經擔任過NBA的教練，還拿下過NBA年度最佳教練的殊榮。

大鳥博德在教練生涯退休後，曾經擔任過NBA的總管，還拿下過NBA年度最佳總管的殊榮。

若加上他在球員生涯拿過的三次年度MVP獎項，大鳥博德是史上惟一一位身為球員、身為教練、身為總管，都曾經拿下年度最佳殊榮的人。憑藉的，絕對不是他的力氣，而是他的腦力，一個「懂偷懶」的腦。

經歷

哈基姆‧歐拉朱萬　Hakeem Olajuwon

　　中鋒普遍被認為是籃球運動中，最具有球場主宰力的一個位置，然而卓越的中鋒並不多見，從歷史來看，平均也要將近十年才會出現一個歷史級別的中鋒。

　　然而詭譎的是，在1984到1992年短短的九年間，竟接連誕生了四位不世出的超級中鋒。ESPN官方曾經遴選NBA史上十大中鋒，這四大中鋒皆名列其中，且都在前八之列，他們分別是：

　　1984年的選秀狀元歐拉朱萬（Hakeem Olajuwon）。

　　1985年的選秀狀元派翠克‧尤因（Patrick Ewing）。

　　1987年的選秀狀元大衛‧羅賓森（David Robinson）。

　　1992年的選秀狀元俠客‧歐尼爾（Shaquille O'Neal）。

　　他們被譽為1990年代的「四大中鋒」，並開啟了一段史上中鋒戰力最鼎盛的時代。而在當時，被譽為1990年代四大中鋒之首的，是有著「大夢（The Dream）」之稱的歐拉朱萬。

他在1993-94年、1994-95年兩個球季，於季後賽的戰場上連挫派翠克·尤因、大衛·羅賓森、俠客·歐尼爾三大中鋒，完成了總冠軍二連霸，奠定其當代天下第一中鋒之美名。

然而，如果客觀來看，論力量，歐尼爾被認為是史上最具力量的中鋒，論速度，羅賓森被認為是史上速度最快的中鋒，論中距離跳投，尤因被認為是中距離跳投技術最好的中鋒。再論中鋒最重要的「身高」，歐拉朱萬更是在四大中鋒中敬陪末坐，是實際身高最矮的一個。

那麼，歐拉朱萬為何能在這個四大中鋒的時代，成為第一中鋒呢？一般認為，因為他有著另外三大中鋒完全守不住的獨門絕招「夢幻步法」！而夢幻步法的由來為何？或許與他學生時代的「經歷」頗有關聯。

活用學過的技術

歐拉朱萬出生於非洲奈及利亞，籃球在當地並非主流運動，因此歐拉朱萬最早接觸的運動不是籃球，而是足球。直到十五歲那年，歐拉朱萬才因為身高的優勢，開始接觸籃球，從此一鳴驚人，一頭栽進籃球的世界裡。

歐拉朱萬在進入NBA的初期，多數是運用其爆發力及肌力等天賦在打球，雖然這已經足以讓他在禁區討生活，卻還不足以讓

他登上中鋒之巔。直到1990年代開始，歐拉朱萬才愈來愈懂得將自己在青少年時期的「足球」基底融合「籃球」技術，靠著扎實又多變的腳法，練出了「夢幻步法」。

歐拉朱萬在禁區的步法運用，充滿了創意、變化與驚奇，是一套連續且複雜的腳步運用，從假動作的虛晃、踩步移位到翻身，一氣呵成幾乎沒有一絲滯礙，加上歐拉朱萬過人的控球力、優質的手感及大範圍的翻身跳投，讓全盛時期的他幾乎無法可守，無招可破。

他的夢幻步法多難對付？歐尼爾曾說：「我寧可被他在腦袋上暴扣，也不願意被他用腳步戲耍，那簡直讓人感受到智商上的差距。」

青少年時期擔任「足球守門員」的位置，讓歐拉朱萬培養出了對於「看門」技術的敏銳度及身體控制力，生涯一共送出三千八百三十個阻攻，這個紀錄為史上第一，同時還有著二千一百六十二次的抄截，史上第八，且歐拉朱萬是史上惟一一位在阻攻及抄截榜上都能擠入前十的球員，其「守門」的功力幾乎是史上之最。

歐拉朱萬的技術及團隊成熟期是在1993－94年球季，那時的他已經能夠掌握「夢幻步法」的要訣，更有了身為一個領袖必須的心理素質。這一年歐拉朱萬全季有著27.3分、11.9籃板、3.7阻

攻的傑出表現，獲選了年度MVP及年度最佳防守球員。

那一年歐拉朱萬及火箭隊的表現，猶如找到了正確的動力般冉冉升空，一掃過去幾季季後賽失利的陰霾，歐拉朱萬率領球隊一路殺入了總冠軍賽，在總冠軍賽中與四大中鋒之一的尤因血戰七場後，拿下了他的第一個總冠軍。

1994-95年球季，火箭隊要尋求衛冕，例行賽卻打得格外艱辛，僅僅拿到西區第六的後段班戰績，神奇的是，歐拉朱萬及火箭隊卻在季後賽中屢創奇蹟，一路殺到西區總冠軍，以六場擊敗了另一位四大中鋒羅賓森，最後在總冠軍中與最後一位四大中鋒歐尼爾狹路相逢，卻打破專家眼鏡地以直落四懸殊勝場，完成了總冠軍二連霸，歐拉朱萬就此奠定了1990年代四大中鋒之首的美名。

經歷

「經歷」是一個人生命中所有經驗及歷程之累積，也是一個人相當重要的資產，成功者懂得去積累自己有用的經歷，並將這些經歷提取並活用，作為面對未來世界的重要競爭力。

就像歐拉朱萬的球技及球風，就有效結合了他過往的經歷，轉化成他獨有籃球風格，奠定了其絕招「夢幻步法」的根基，協助他登上了中鋒之巔。

有人說，歐拉朱萬能夠完成二連霸，一個重要的關鍵，就是那兩年喬丹（Michael Jordan）剛好退休。確實，如果喬丹那兩年沒有退休，總冠軍鹿死誰手或許還不一定，但若看看兩人在例行賽的對戰成績，歐拉朱萬的火箭隊對上喬丹的公牛隊戰績是十一勝十負，歐拉朱萬似乎還略占上風。

　　喬丹於1993年奪冠時亦曾說：「幸虧火箭隊那幫傢伙還沒找到打入總冠軍賽的軌跡，這是好消息，因為我們對歐拉朱萬實在沒辦法。」可見得即使是喬丹，也沒有信心一定能夠打敗這個第一中鋒。

　　不懂得累積並活用過往經歷的人，每件事就像是從零開始，不容易邁向卓越；懂得積累並活用過往經歷的人，才能贏在起跑點，才能更容易登峰造極。歐拉朱萬的第一中鋒之路，無疑是活用經歷的最佳教科書。

位置

史考提 · 皮朋　Scottie Pippen

　　NBA「天下第一人」的頭銜，無庸置疑是屬於喬丹（Michael Jordan）的。而談到「天下第二人」，輔佐喬丹聯手拿下六座總冠軍的皮朋，可能是多數人心目中的首選。

　　喬丹及皮朋兩人的球風全面，且攻守默契十足，兩人都是當代能攻擅守的全能型球員，聯手出擊後往往會有顯著的化學效果。在他們聯手的十個球季中，就為球隊完成兩度的三連霸，打造了1990年代的公牛王朝，更在籃球技術及球風的發展上，為後世奠定了不朽的典範。

　　皮朋在球場上時，在進攻端他可以成為球隊的控球者，負責啟動「三角戰術」，並提供喬丹之外的第二火力。在防守端他可以代替喬丹防守最難纏的對手，1991年的總冠軍便是由他負責看管魔術強森，並有效壓制了魔術強森的破壞力，協助球隊獲得了隊史第一座冠軍，連續八年的年度防守第一隊，更肯定了其防守

端的影響力。

　　而當喬丹下場休息時，皮朋還能立刻從球場副手的身分轉變為進攻主軸，代替喬丹成為場上的主力角色，不但繼續控制全隊進攻節奏，更屢屢殺入對手的防線取分，幾乎成為了喬丹的分身。

　　喬丹曾經說過這樣一句話：「我常常覺得球場上彷彿有另一個自己跟我一起奮戰。」喬丹這個所謂的另一個自己，指的便是皮朋。

　　單單從技術面來看，皮朋可能是當代最接近喬丹的球星。如果沒有皮朋，喬丹可能不會有如此輝煌的成就，喬丹更認為：「當人們提到喬丹時，就應該想到皮朋。」

　　換個角度來看，如果籃球界沒有喬丹，會不會皮朋就不單單只是一個「天下第二人」，而有機會成為「天下第一人」呢？事實上，皮朋還真曾有過這樣的機會，挑戰這個第一人的角色。

不同的人，適合不同的位置

　　在實現了第一次三連霸（1991－93年）後，喬丹宣布退休，於是原先球隊的第二人皮朋，順理成章成了球隊的第一人，有機會能夠以球隊領袖身分證明自己的能耐。

　　1993－94年球季，是皮朋擔任球隊第一人的第一個球季，他

也不負眾望，在全能的表現下，例行賽率領公牛隊拿到了五十五勝二十七敗的優異戰績，個人數據來到22.0分、8.7籃板、5.6助攻、2.9抄截的全能表現，並同時入選了年度第一隊及年度防守第一隊的肯定，還拿下當年明星賽的MVP。

若單單從這一季例行賽的攻守數據來看，把皮朋放在第二人的位置上，實在太過大材小用。然而一個球星的價值，不單單只看「例行賽」的個人表現，更重要的，是否能在「季後賽」率領球隊贏下更多的比賽。

當年的季後賽，公牛隊在首輪輕鬆擊敗了騎士隊，然而在第二輪碰上了強敵尼克隊時，皮朋卻像是失了神般，前兩戰共出手三十四次，只投進了十二球，命中率是難看的35.3%，連輸了兩場季後賽戰役。

第三場比賽，公牛隊背水一戰，兩隊在全場打到只剩下最後一‧八秒時，102比102平手，公牛握有最後的球權。教練菲爾‧傑克森（Phil Jackson）認為皮朋勢必成為對手重點防守的對象，於是他將這記關鍵的出手設計給了新秀托尼‧庫科奇（Toni Kukoc），結果皮朋為此賭氣，竟然拒絕上場為隊友製造機會。

最後庫科奇投進了這記壓哨致勝球，成了該場比賽的英雄，而堅持坐在板凳上的皮朋，卻丟了自己的風采。最後兩隊纏鬥到第七場，公牛隊才敗下陣來，而在這個一戰定生死的關鍵第七

戰，皮朋的命中率仍然只有低靡的 36.3%。

可以說，沒了喬丹後，皮朋仍然是一名貨真價實的實力大將，但他尚未能證明自己的領導力，率領球隊並幫助隊友變得更好。

之後喬丹宣布復出，皮朋又回到了他最熟悉的「第二人」位置上，兩人再次聯手為公牛隊完成了第二次的三連霸。

位置

在組織管理中，優秀的員工往往可以獲得升遷的機會，離開原本的工作崗位；而仍然坐在原先崗位的人，多半是表現不夠好而無法得到升遷的員工。隨著這樣的惡性循環，最終組織裡每個位置上的人，幾乎都是現任工作表現不好而無法升遷的員工，因而使得整個組織的生產力停滯不前，這就是著名的「彼得原理」。

就像在第二人位置上的皮朋，幾乎可說是 NBA 史上最佳位置，然而當升遷機會來臨時，他卻不一定能夠扮演好升遷後的新角色，成為一個稱職的第一人。

哈佛大學教授羅伯特・卡茲（Robert Katz）提出管理知能階段論，認為在管理上需具備「技術能力」、「人際能力」及「概念能力」。而隨著所處位置的不同，這三項能力的需求比例亦會

不同。

　　通常一位組織成員能出色地完成工作，是因為他擁有該項工作相對應的「技術能力」，然而想要出色地完成領導的工作，除了要有「人際能力」的協調力外，還需要一些掌握全局的「概念能力」。

　　能攻擅守的皮朋，無疑擁有了場上所有必要的「技術能力」，然而當他從第二人轉換到第一人的角色時，除了「技術能力」外，「人際能力」及「概念能力」的重要性和需求性也直線上升，如果此時無法即時轉化並提升所需的相對應能力，就會出現力有未逮的現象。

　　愛因斯坦曾說：「天才和笨蛋之間最大的差別，就是天才是有極限的。」認識到自己的極限，找到一個最適合自己的位置，其實也是一種天才。

領域

丹尼斯・羅德曼　Dennis Rodman

　　比賽要贏，要嘛多得點分，要嘛少失些分，而得分、助攻及籃板這三項數據，正是影響到比賽得失分最重要的關鍵，也是評比一位球員表現最主要的依據。而NBA每一年所選出的得分王、助攻王及籃板王，更代表每一個領域最頂尖的球星。

　　那麼，得分王、籃板王及助攻王，這三項數據的王者，誰的奪冠機率最高呢？

　　根據統計，奪冠率最高者並非耀眼的得分王，也不是樂於分享球權的助攻王，而是看起來相對不搶眼的「籃板王」，一共有整整十二個球季，當年度的總冠軍是屬於該球季的籃板王所有。而羅德曼就是當中的箇中好手，他一共三次在奪得籃板王的同時，幫助球隊拿下該季的總冠軍。

　　昆蟲是多次元的生命體，擁有超越人類的感應能力及預知能力，甚至能夠預測天災，而在NBA的籃球戰場上就有一個人，

不但有著以蟲為命的外號，更有著像蟲一樣的預知能力，他正是有著「百變怪蟲」之稱的羅德曼。

羅德曼可能是NBA歷史上最詭異的問題球員，他曾經辱罵教練、腳踹攝影師、頭槌裁判，更不用說其屢屢在球場上與對手開幹的脫軌行徑了。此外他不斷增加身上的怪異刺青，更不停在每場比賽中變換髮色，愈是鮮豔的蟲，所具有的毒性也就愈可怕。從頭到腳都鮮豔無比的羅德曼，就像是毒性很強的一條怪蟲。

但同時，他卻也是球隊致勝的關鍵因子，即使身高及體格不如人，但他卻有著靈活的連續彈跳及瞬間彈速。

羅德曼對於籃板球具有傑出的預知能力及敏銳性，總能預測到籃板的落點，因此羅德曼常能早一步踩住有利位置進行卡位後，再一個箭步與其他人拉開距離，將球往天空撥，一而再，再而三地撥，最後籃板球往往就是能夠重回他的掌握。

看羅德曼抓籃板，就像看一隻蛀蟲一次又一次的侵蝕籃板一樣，想整治他卻又無可奈何。

籃板球的代名詞

羅德曼對於防守及籃板的執著無人能及，從他第六個球季獲得了籃板王頭銜後，他就連續七年稱霸籃板這項領域，為史上稱霸籃板王頭銜最久者。其防守功力及集中力極為驚人，不但是年

度防守球隊的常客，更於1989-91年連續兩年獲得了最佳防守球員的殊榮。

然而事實上，如果羅德曼無法統治「籃板球」這項領域，他可能早已經從聯盟中消失。

羅德曼在1986年的選秀會上，並沒有受到太多的青睞，一直到第二輪第二十七順位才被活塞隊「撿走」，在如此低的順位上，大多數都不會是球隊重用的對象，甚至想在聯盟中站穩腳步都不太容易。

然而，羅德曼不但在NBA足足打了十四個球季、九百多場比賽，還以主力身分，協助球隊拿下五次總冠軍，他是1988-90年球季活塞隊的一員，幫助球隊完成了二連霸，1995-98年球季他轉為公牛隊的一員，幫助公牛隊完成了三連霸。

羅德曼除了兩度被選為年度最佳防守球員，也曾入選過明星賽、年度球隊等肯定，他幾乎是「籃板王」的代名詞，即使他生涯平均僅能得到七‧三分，但靠著兇悍的防守及籃板球，仍然讓他成為一支冠軍隊裡最重要的贏球因子。

1992年球季，羅德曼平均每場可抓下18.7個籃板，為近四十年來最高的單季平均籃板，該球季他一個人就囊括了全隊42.1%的籃板球，為NBA史上最高之紀錄。

他是一個讓對手懼怕的王牌殺手，靠著無所不用其極的兇狠

拚勁，防守時纏人又強悍，暗拐、拉衣服，運用各種粗魯的動作招惹對手，盡情又兇狠地使壞，加上傑出的籃板能力，不單單在肢體上打壓對手，同時也在心理上打擊對手。

領域

詹姆·柯林斯（Jim Collins）在《從 A 到 A+》中指出，要在一個領域從優秀到卓越的關鍵，取決於三個面向，

1. 對什麼事情充滿熱情？
2. 經濟模式靠什麼驅動？
3. 在哪些領域有機會成為頂尖？

換言之，要找到一個自己有熱情，又能帶來經濟產值，同時自己還有機會達到頂尖的領域，因為惟有如此，才能全心全意投入其中，同時帶來豐厚的回報。這就是讓自己成為卓越的重要法門。

對於羅德曼來說，他不可能成為一支球隊的得分王，身高不高的他也沒有機會成為一個天王中鋒，也沒有組織助攻的天分，更沒有成為一支球隊領袖的可能，於是他終其生涯就只做一件事，全心全力投入在防守端，努力地抓下每一個籃板。

因為那是他的熱情所在，也是他能創造最高經濟產值的地方，更是他惟一能達到頂尖的領域。

羅德曼對籃板這個領域有多執著？他人在練球時，羅德曼經常就站在一旁觀察投籃軌跡，並試著做出自己搶籃板的預測，一心一意只想搶下每一個籃板。

　　羅德曼認為：「我可能跳不過對手，我也沒有對手強壯，我只有研究籃板球的軌跡，判斷是短籃板還是長籃板，來決定我該如何搶好自己的位置。」甚至羅德曼還能只要聽籃球碰框的聲音，就可以閉著眼睛憑藉本能找到籃板。

　　羅德曼能夠在聯盟中成功，還成為兩支冠軍隊的奪冠拼圖，最重要的關鍵，就是他從不與其他的隊友搶球權、搶得分，只做一件事，就是他最拿手的「籃板球」，並專注在其中，因為也惟有如此，才有機會成就一個領域的卓越。

第三部
體能×天賦×實踐

練習

柯比‧布萊恩　Kobe Bryant

1996年的NBA選秀會上，一位急著實現籃球夢的高中生，以第十三順位加盟了洛杉磯湖人隊，他是布萊恩。

在星光雲集的湖人隊中，布萊恩僅能以替補的身分上場，在約十五分鐘半的有限上場時間中，留下七‧六分的平均得分。然而，這小伙子並不因此而懈怠，反而更加努力地練球，保握住所有的上場機會，展現其籃球天賦，讓人很難忽視這位年輕人的可能性。

隨著布萊恩不斷地成長，加上球隊主將俠客‧歐尼爾（Shaquille O'Neal）主宰力的展現，湖人隊迅速成為聯盟新一代的強權，更於1999-2002年完成了總冠軍三連霸，此時布萊恩無疑已經成為聯盟中的招牌球星之一。

然而，無論是總冠軍賽的FMVP，還是這支球隊的實質領導權，毫無疑問仍然是掌握在歐尼爾的手中，充滿野心的布萊恩，

也愈來愈不能滿足「二當家」這個定位。於是布萊恩開始挑戰歐尼爾的球隊領袖地位，也注定了兩人分道揚鑣的結果。最終歐尼爾離開了球隊，布萊恩從此成為湖人隊陣中的惟一領袖。

這段時間的布萊恩，從人們眼中的「金童」及「飛俠」，銳變成了人人所畏懼的毒蛇「黑曼巴」，而他的球風也進化得像毒蛇黑曼巴一樣，進攻端充滿了破壞力，防守端充滿了壓制力。

度過了黑暗的幾個磨合球季後，布萊恩漸漸找到了領導球隊的方式，更開始迅速累積自己在NBA的戰功。

2006年，他成為得分王，該季更創下了單場八十一分的壯舉。

2007年，他衛冕得分王。

2008年，他成為年度MVP，還幫助美國隊拿下奧運金牌。

2009年，他率領湖人隊拿下總冠軍，成為總冠軍賽FMVP。

2010年，他率領湖人隊再奪總冠軍，再拿總冠軍賽FMVP。

布萊恩已完全證明了自己，絕對是能夠獨當一面、率領球隊奪冠的球星。

走自己的路

一路走來，布萊恩維持自己一貫的打球及領導風格，孤傲又獨霸，使得世人對他的質疑聲浪從來不曾少過。

有人認為，他是仰賴球隊的天王中鋒歐尼爾才能有此成就。直到他成為聯盟的得分王，拿到年度MVP，率領湖人隊再次重回總冠軍，並連續兩年搶回總冠軍的金盃後，他才讓多數的人閉嘴，成就了自己最高的職涯巔峰。

回首布萊恩的職業生涯，他曾經陷入多次的低潮及挑戰。他曾與隊友產生嚴重的矛盾，他曾陷入官司疑雲，即使後來成了球隊的領袖，也曾多次陷入領導危機，他的球風常常受到批評，認為他太自私，太多不合理的出手，缺乏團隊概念。在布萊恩的籃球生涯裡，有太多次的自我認同危機。

該改變？該妥協？還是繼續作自己？

最後，布萊恩選擇了不去迎合那些評批他的聲音，維持自己的籃球風格，繼續走自己孤傲的路。也正因為如此，他掙得了真正屬於自己的總冠軍，他超越了喬丹（Michael Jordan）的歷史得分紀錄，成了當代身價最高的籃球員。

在他生涯的最後一場比賽中，出手了五十次，並砍下該季全聯盟最高的60分，率領球隊逆轉贏得了這場最終戰。很任性，但卻很有布萊恩的味道。

不少人曾經質疑布萊恩的獨霸球風，他也給了個有趣的回應：「我在八歲的時候就已經出手太多了，但出手太多這件事要看我們怎麼想，有些人也認為莫札特的曲子有太多音符了……」

所以，布萊恩帶給我們的啟示，就是不受他人左右，堅持走自己認為對的路嗎？似乎不完全是。

磨自己的劍

　　只要曾在鬥牛場打過球，就不難發現有些人，喜歡模仿布萊恩的獨，模仿布萊恩的傲，學布萊恩的「樣子」，擺布萊恩的「架子」，想要有布萊恩的「面子」。然而，這些人在旁人眼中，其實反而更像是個不成熟的屁孩。

　　布萊恩憑什麼，能走自己的路？至少是因為他⋯⋯

　　球場上的主宰力。

　　球場下的影響力。

　　球團賺的票房力。

　　球鞋賣的銷售力。

　　如果布萊恩不能為他人帶來這些利益，又有誰會接受布萊恩的任性？狂傲的球員NBA大有人在，但如果你不具有產值，那麼即使是板凳的末端，都不會為你留下任何一個位置。

　　布萊恩的前訓練師曾說：「布萊恩不是最有天賦的，但卻最會利用天賦。」從身體素質來看，布萊恩的手掌不如喬丹大，彈性在NBA中也不算最頂尖，使得他在籃球的掌握及空中的對抗力上，從來都不具有絕對性的優勢。然而，他因此狂練自己的控

球，精進自己的假動作及腳步運用，他在球場上的主宰力並非與生俱來的，而是他二十年如一日，從未鬆懈的自我訓練而來。

暢銷書《異數》（*Outliers*）作者麥爾坎·葛拉威爾（Malcolm Gladwell）在書中指出，所有卓越的天才之所以成功，並非單單因為天賦，而是透過持續不斷地努力，一萬個小時的鍛鍊是從平凡邁向卓越的必經之路。另一本暢銷書《刻意練習》（*Peak*）亦指出，天才與庸才之間的差別不在於基因，而在於刻意練習，以正確的方法鍛鍊出卓越的技能。

「你知道凌晨四點的洛杉磯是什麼模樣嗎？（Have you seen Los Angles at 4am？）」一位記者曾問布萊恩的成功祕訣，這是布萊恩所給予的回覆。不先磨利自己的劍，要怎麼走自己的路？

有人說天才就是任性，然而能夠任性的天才，從來不是那些聰明又有潛力的人，所謂的天才，是指能將自己的天賦磨亮，為他人帶來價值的人才。

如果想要走自己的路，就得先磨利自己的劍，不然看起來，只會像個屁孩。

路線

史蒂芬‧柯瑞　Stephen Curry

　　三分球最早起源於1961-63年的美國籃球聯盟ABL，之後在1967年被ABA所採用，直到1979-80年，NBA才正式將三分球納入比賽中。

　　然而，在過去超過六十年的籃球觀念中，依舊認為禁區為王，能夠愈接近籃框得分，就愈有把握贏得球賽，也更有機會拿下總冠軍，甚至認為一個具有主宰力的禁區球星，是拿下總冠軍的必要條件之一。而在三分線上的出手，只被視為一種輔助性質的得分方式，無法作為一支冠軍球隊的主要進攻武器。

　　直到柯瑞的出現，這個觀念開始有了革命性的變化。

　　2014-15年球季，柯瑞全季以二百八十六顆的三分球，刷新了NBA單季三分球的紀錄，並且在該年的全明星賽中拿下三分球大賽的冠軍。當年柯瑞及勇士隊便是採用了以三分球為進攻主軸的戰術，最終更一舉以三分球奪下了2015年的總冠軍，成為

第一支能夠以三分線為進攻主軸的冠軍球隊。

到了2015－16年球季，柯瑞在三分球上的斬獲更上一層樓，不但單季砍進破歷史紀錄的四百零二顆三分球，拿下得分王及年度MVP頭銜，更率領球隊打破了1995－96年由喬丹（Michael Jordan）及公牛隊創造的七十二勝歷史紀錄，成為史上拿下最多勝場數的球隊。

柯瑞的出現，從此打破了過去「愈接近籃框愈接近總冠軍」的籃球顯學，聯盟中不少球隊甚至爭相仿效，開啟了一股將三分球作為進攻主軸的籃球新顯學。

其實柯瑞的籃球之路，並非一帆風順，他在2010年剛出道時，曾在一次的切入時扭傷了腳，進入了傷兵名單，從此腳傷跟他結下了不解之緣。他的腳踝在比賽中扭傷了好幾次，作過了數次的韌帶手術，到了2011－12年球季情況愈發嚴重，他拖著脆弱的傷腿，整季只打了二十六場比賽。

受傷永遠是運動員的夢魘，除了直接剝奪運動員的速度及彈性外，更會在運動員的心裡留下陰影，從此沒辦法像過去一樣肆意地奔跑跳躍。柯瑞因為嚴重又反覆的腿傷，有了「玻璃腿」的污名，職業前途堪慮。

看著前幾季有著「玻璃腿」的柯瑞不斷受傷，讓人很難想像他能有今日的成就，他是如何調整他的職涯的呢？

專注在自己拿手的領域上

當時被「玻璃腿」所困擾的柯瑞，除了持續加強其臀部及腿部的肌耐力外，最重要的一個選擇，就是增加了他拿手的「三分球」進攻比重，減少會帶給腳踝極大壓力的「切入」動作。

在柯瑞備受傷痛困擾的前三個球季，他每場比賽平均僅在拿手的三分線上得到六分多一些，然而就在他遭遇嚴重腿傷後的每一個球季，他在三分線上的斬獲一季比一季多，2015－16年球季，柯瑞每場比賽平均可在三分線上砍進超過十五分，史上無人能及。

每場平均在三分線上砍進十五分有多誇張？

喬丹生涯平均每場比賽，在三分線上僅能拿到一・五分，柯比・布萊恩（Kobe Bryant）及雷霸龍・詹姆斯（LeBron James）較高，也僅能拿到四・二分。事實上，翻開 NBA 的籃球史，根本沒有一個球星或球隊，能夠真正靠三分球得到總冠軍，三分球頂多只是眾多戰術的其中一種罷了。

有趣的是，柯瑞及金州勇士隊的成功，仰賴的正是過去不那麼被重視的「三分球」。

柯瑞為了強化他的三分球威脅力，在投籃的技巧及方式中下了不少功夫，根據相關研究，柯瑞的投籃不像其他人是跳到空中後的「跳投」，而是在剛跳起時就出手的「投跳」，根據統計他

的出手僅需〇‧三九秒，比起聯盟平均的三分出手時間〇‧五四秒少了〇‧一五秒。

而為了防止對手封阻，他的三分球出手後的平均最高高度為四‧九七公尺，比起NBA其他球員的四‧七三公尺多了〇‧二四公尺，又快又高的三分球出手，奠定了柯瑞的三分影響力。

設定目標、設計路線

組織行為學教授羅伯特‧豪斯（Robert House）所提出的「路徑—目標」理論指出，身為一個組織的領導者，就是要為組織成員設定「目標」，並設計出適合的「路線」，協助所有的組織成員完成目標。

路徑—目標理論原先是用在組織管理中，然而當中的哲學也能為個人所用。學著為自己導航，好好地思考，如何設定目標，如何設計路徑。

在NBA中體型算是又瘦又小的柯瑞，加上玻璃腿帶來的鉗制感，如果柯瑞沒有找到自己的三分球路線，可能早就被NBA淘汰了。

就算過去沒有一個球員或一支球隊，能夠真正靠三分球統治比賽，並不代表三分球就不能統治比賽，可能只是少了那位開創者。如果只想追隨主流，那就只能當一個追隨者。

英國物理學家傑佛瑞‧泰勤（Jeff Taylor）曾說：「已經被踩平的道路最安全，但卻壅塞難行。」

每個人都有自己的天賦，如果柯瑞的天賦是在三分線外，就不應該去學習像喬丹一樣打球，因為已經被視為標竿的主流，不但競爭者及模仿者眾，而且更多的時候，可能根本就不適合我們。

綜觀所有的成功者，通常都是因為找到自己獨特的天賦及路線，鮮少是因為模仿主流而成功的。每個人適合的定位本來就不同，不被過去的觀念及框架所惑，找到最適合自己的位置及方向，就是發揮影響力的關鍵所在。

每個人都有自己的天賦，別用他人的成功範本當標準，找到最適合自己的定位，擬定最適合自己的路線，就會成功。

力量

俠客‧歐尼爾 Shaquille O'Neal

　　NBA是世界最高的籃球殿堂，為了能夠在聯盟中生存，也為了能夠取得一席之地，每一位球員無不竭盡所能，把握球場下的每一刻孜孜苦練，把握球場上的每一刻全力奮戰，幾乎不可能有「放水」的一刻。然而，因某一位球員的出現，完全顛覆了這樣的認知，他就是歐尼爾！

　　歐尼爾的懶在NBA是很有名的，他不喜歡練球，因為他認為自己是比賽型的球員，不該把精力放在練球上，而是放在比賽場上就好。

　　此外，有次受訪時，歐尼爾又承認，他在球場上有時候也會「放水」，原因是因為他很喜歡某些球員的球技，所以當對上這些他喜歡的球員時，他會刻意不要全力阻擋他們，讓他們能夠盡情地在球場上發揮。

　　這種話，無論是出自於任何一位球員的口中，聽起來絕對都

像是自吹自擂的「笑話」。然而，當這樣的言論出自於歐尼爾口中時，真實度就顯得格外地高，為什麼？因為在全盛時期的歐尼爾，絕對有足夠的「力量」這麼做！

擁有7呎1吋（約216公分）、超過一百三十六公斤恐怖軀體的歐尼爾，1992年以選秀狀元之姿踏上NBA的戰場時，就直接撼動了整個聯盟的勢力版圖，新人球季就有著23.4分、13.8個籃板的怪物數據，不但拿下當年的新人王，更迅速成為當代的四大中鋒之一。

1995年歐尼爾已經能夠率領魔術隊成功殺入總冠軍賽，1996年當NBA選出史上五十大球星時，僅僅打了四個球季的歐尼爾，就因為其恐怖的力量及球場主宰力，成為五十大球星中的一員，是當中最年輕的一位。

到了2000年時，歐尼爾的力量、技術及球場主宰力來到了巔峰，他率領湖人隊拿下了2000至2002年的總冠軍，完成三連霸，其中2001年的季後賽，更是締造了季後賽十一連勝的史上最佳紀錄，最終以十五勝一負，客場八戰全勝拿下了當年的總冠軍，每一項都是當時的歷史之最。

可以說，當時的歐尼爾，就是聯盟中所有對手的噩夢，他在場上所擁有的力量，更是一個無解的存在。

壓倒性的禁區力量

歐尼爾擁有7呎1吋的身高,更有著超過一百三十六公斤的噸位,雖然NBA史上並不是沒有像歐尼爾這種巨漢,但多為動作緩慢的巨人,從來沒有一人擁有如歐尼爾般的速度、力量及協調性。

歐尼爾並非NBA史上最重的球員,然而他卻是最具有主宰力的一個。其霸道的力量,就如同一座高聳大山,讓對手的抵抗僅能激起一絲絲的漣漪。

如果他在禁區內拿到球,幾乎是一個無解的存在,要保命的最好早早撤退、明哲保身,否則接下來你會看到歐尼爾狠狠地將球砸進籃框,而四周的防守球員,東倒西歪、非死即傷,輕者鬥志全失,重者屍橫遍野。有時候甚至可以看到在籃下站了四個對手防守球員,只為了想辦法拉住歐尼爾,不讓他在禁區肆虐,這種誇張的畫面,幾乎也只曾出現在歐尼爾的身上。

單單以禁區肆虐的力量而言,歐尼爾可能是史上最可怕的人間兇器,他的招式不多也不精緻,幾乎都是靠天賦硬吃對手,但就是無人能破解他的禁區肆虐。更可怕的是,不只是對方球員為了防守他傷痕累累,歐尼爾甚至還有好幾次將籃框灌毀的紀錄,讓比賽因為他不科學的力量而暫時中止,後來NBA只好重新檢討並設計籃框,大大強化了籃框的承重及耐震力,以免經常被歐尼

爾摧毀。

歐尼爾有沒有破綻？

有！雖然歐尼爾是禁區的絕對王者，然而當來到了罰球線上，歐尼爾的力量就形同虛設了。歐尼爾疲弱的罰球命中率，就成為他全盛時期的惟一破綻。

當時其他的球隊為了阻擋歐尼爾蠻橫的力量，研發了一種針對他的「駭客戰術」，顧名思義就是專門用來對付「俠客」的戰術。這種戰術很簡單，當歐尼爾在籃下拿到球時，不要再幻想可以守住他，而是想辦法犯規送他上罰球線就對了。

比起直接被歐尼爾將球塞在頭上，不如請他到較遠的地方試試手氣，這種略具爭議性的戰術，被廣泛地運用在當時的聯盟中，由此可見歐尼爾在當時的禁區統治力。

力量

歐尼爾樂於為自己取一大堆的外號，其中最有霸氣的外號，莫過於在MVP之外，為自己取了一個MDE（Most Dominating Ever）：史上最有統治力的球員。這種稱號如果套用在其他人身上，叫作不自量力，然而巔峰時期的歐尼爾，卻完全配得上這個稱號。

歐尼爾曾經想要在自己的生日第二天，邀請親友進場觀戰，

於是向對手快艇隊要了幾張門票，結果卻被拒絕。於是歐尼爾一氣之下，在該場比賽中火力全開，砍下了61分、23籃板的鬼神數據，血洗了對手。

歐尼爾的故事告訴我們，惟有擁有力量，你才能贏了裡子又贏了面子。

有人曾說：「力量是依它所戰勝的事物來衡量的。」有了力量，你說的廢話都會變成名言，如果沒有力量，說再多的名言也只會變成笑話，正因為擁有力量，才擁有話柄權。

運動場上的「力量」，是相當依賴天賦的，很難靠後天去培養。然而其他大部分的領域，都有機會靠後天去累積。想要成為具影響力的人，就得培養出相對應的力量，成為自領域中的歐尼爾！

速度

艾倫 · 艾佛森　　Allen Iverson

　　籃球是一種很重視身高的運動，通常一個球員的高度，就可大致決定這個球員的位置及在球場上的主要任務。

　　如果一個球員有6呎10吋（約208公分）以上的身高，通常主打的位置會是中鋒或大前鋒，負責在禁區中討生活。如果一個球員有6呎7吋（約201公分）左右的身高，通常主打的位置會是小前鋒或得分後衛，負責得分及策應。如果一個球員的身高矮於6呎4吋（約193公分），通常主打的位置就會是控球後衛，負責控球及助攻。

　　然而卻有一位球員，他的實際身高不足6呎（約183公分），在場上的主要任務卻是「得分」，主打的位置還是「得分後衛」，這種Under Size的體型，卻曾經在新秀球季，就創下連續五場比賽都砍進超過四十分以上的歷史紀錄，更曾拿下過四次得分王的頭銜，他是艾佛森。

艾佛森打破了過去的傳統及習慣，以6呎之軀成為NBA史上最矮的得分王，個人球風及作風更是離經叛道，曾經在新秀年一次的攻防中對上了如日中天的喬丹（Michael Jordan），竟大言不遜地喊：「滾開不要擋路！（Get the hell out of my way!）」透過麥克風的收音，這句話震驚了整個籃球世界，也迅速地讓艾佛森成為人們眼中的異端份子。

在保守派的評價中，艾佛森其實就是個桀驁不馴的叛逆小子，然而，艾佛森只是用屬於他自己的方式，來捍衛自己的價值觀，即使他必須去對抗眾人的觀感，也從不放棄自己的信念。最重要的是，他能夠拿出成績，讓那些反對他的人閉嘴。

在一吋長一吋強的NBA球場上，艾佛森無疑是一個奇葩，他的實際身高不足6呎，但他不只獲得年度MVP，率領球隊殺進總冠軍賽，還曾四次成為得分王、三次抄截王、十一次入選全明星賽，更於2016年正式被選入籃球名人堂。

速度：天下武功，惟快不破

雖然因為身材的劣勢，讓艾佛森在防守的對位上經常處於劣勢，但艾佛森卻總能發揮其「速度」上的優勢，在進攻端屢屢甩開對手的防線，在防守端，又有著對傳球路線的預測力，在抄截的表現上一向是聯盟中的佼佼者，更保有在季後賽單場十次抄截

的歷史紀錄。

　　艾佛森在球場上的成功，不少人將之歸功於他打死不退的拚戰精神，不斷用他瘦小的身軀切入禁區，在一堆長人陣中搶下分數，即使全身是傷也無所畏懼。這樣的精神贏得了對手及球迷的尊敬，艾佛森也因此有了「戰神」的美名。其實能站上NBA舞台的球員，根本鮮少是缺乏鬥志者，因此這並不是艾佛森的獨到之處。

　　事實上，艾佛森在球場上最具破壞力的，根本不是什麼「鬥志」那麼勵志的東西，而是來自於他異於常人的「速度」以及精煉的進攻技巧。

　　有人說看艾佛森打球，就像在看一部快轉的精采影片。當全世界都用正常速度播放時，惟獨他一人活在跟別人不同的速度時空中。在多項針對NBA速度最快球星的調查中，艾佛森是多數人心目中的第一位。他運球過全場的速度只要五‧七一秒，百米速度在巔峰時期可以達到十‧一三秒，這樣的數據，甚至不下於奧運的田徑國家代表隊。

　　在瞬息萬變的球場上，只要能比別人快上半步，就能占據最有利的得分位置，找到更多的空檔及出手機會；也只要能比別人快上半步，就有機會斷掉對手的傳球及進攻，開始一次次的反攻機會。

無論在哪個領域，速度都是重要的。這是一個不連續經濟的時代，能賺錢的玩意及商機一直在變，誰先搶占有利位置誰就贏，速度快的搶到「超額利潤」賺大錢，速度一般的撿到「正常利潤」賺小錢，速度慢的永遠賺不到錢。

　　在高級的日本料理店中，為了提供最高品質的生魚片給顧客，師傅通常都會在每一個營業日的早晨，來到產地選購最新鮮的魚貨，而每一批購買的魚貨通常只有兩三天的賞味期，如果沒賣出去，就只能冷凍或煮熟，成了次級價位的商品。能夠賺大錢的師傅，都是進貨及銷貨最快的人，讓商品維持在最高檔的價位。

速度快，更要懂得化繁為簡

　　除了天賦外，能夠讓速度的影響力最大化的人，通常還有另一個特質，就是他們都鮮少有多餘或不必要的動作，懂得化繁為簡的重要性。

　　艾佛森打球又快又犀利，他在球場上的得分相當具有效率，很少多餘的動作，往往只用到一兩招晃人動作，搭配交叉換手運球，再抓住瞬間的時間差就能過人取分，幾乎沒有多餘的動作存在，也讓他在高度上的劣勢降到最小，在速度上的優勢彰顯到最大。

職場上通常速度最快、最具有績效創造力的人，都懂得化繁為簡的重要性。管理者最重要的其中一項任務，就是讓原先複雜的組織活動，變得愈簡單愈好，如此才能省下不必要的成本，留下最重要的東西，將重心放在真正有價值的地方。在多數的情況下，企業員工真正有效運用的時間僅占5%左右，其餘95%的時間並沒有有效運用，而職場上的**贏家**，往往就是最善於提升速度，活化這95%時間的人。

　　艾佛森藉著過人的速度及化繁為簡的技巧，成為球場上的得分王。如果想成為職場上的得分王，化繁為簡、提升白我的速度，其實就是一門最重要的必修學分。

彈性

文斯‧卡特　Vince Carter

　　籃球是很講究高度的運動，對於進攻者而言，只要能夠掌握愈高的制高點出手，就愈不容易被防守者封阻；對於防守者而言，只要能夠掌握愈高的制高點封阻，就愈不容易讓進攻者得分。而想要掌握制高點，除了本身的身高之外，最重要的莫過於「彈性」。

　　擁有過人的彈性，除了能夠掌握制高點，還能獲得較長的滯空時間，在空中完成更多的任務。因此，彈性一向是評估一個NBA球員天賦條件中，相當重要的一項指標，更是球員「灌籃」時最重要的一項能力。

　　而談到「灌籃」及「彈性」這兩大關鍵字，卡特可能會是多數人心目中的第一人。崔西‧麥葛瑞迪（Tracy McGrady）就曾打趣地說：「灌籃分成兩種，一種叫作卡特，另一種叫其他。」

　　1998年，喬丹（Michael Jordan）完成了第二次的三連霸後，

宣布退休，NBA失去了最大的賣點，加上又碰到勞資協議無共識，雪上加霜地讓NBA走向了封館危機。這些危機似乎讓NBA走向衰退與黯淡，即使後來好不容易解除封館，展開了縮水球季，NBA的氣勢也早已元氣大傷。

就在這個時刻，1998年的選秀大會，卡特帶著超乎常人的彈性飛進了聯盟，為NBA帶來了全新的賣點，屢屢以不可思議且充滿創意的空中美技，用一次次雷霆萬鈞的轟天灌籃，搶占了每週的十大好球，讓球迷重新找到了驚奇，也讓NBA凝聚了高度的人氣。

灌籃界的王者

灌籃大賽從1984年開始舉辦，然而在歷經了十多屆的比賽後，愈來愈失去了新意，因此在1998、1999兩年就停辦了這項賽事。然而卡特的出現，讓人們對於灌籃大賽又有了全新的期盼，於是灌籃大賽就在睽違三年後，於千禧年的明星賽周末重新登場。

這場睽違許久的灌籃大賽，不像是一場比賽，而更像是一部為卡特量身打造的動作片，觀眾都知道誰是主角，也知道這部電影最後的結局為何，但就是期待這部扣人心弦的電影，究竟會如何編導。與其說這是一場比賽，不如說更像是為卡特所打造的加

冕典禮。

　　卡特的第一灌，以力拔山河的逆轉360度大車輪，為這部電影展開了序幕，這一灌，就已完全征服了全場球迷的心，現場播音員激動地叫喊著：「It's Over!」比賽已經結束了！比賽已經結束了！

　　之後上演的空中胯下換手灌籃，以及決賽中將整隻手臂由高點插入籃框的灌籃，每一灌都讓全場氣氛為之沸騰，最後以接近滿分的分數，拿下了千禧年的灌籃大賽冠軍，這一屆的灌籃大賽，也被公認為史上最經典的灌籃大賽之一。

　　卡特的灌籃並非只是在灌籃大賽中表演的花拳繡腿，實戰比賽中的表現更是扣人心弦。雪梨奧運與法國隊的對決中，卡特在抄到了對手的傳球後，竟毫不猶豫直接飛過法國二百一十八公分的大中鋒頭上，狠狠將球扣進，被認為是奧運史上最經典的一球。

　　卡特的灌籃，是史上少數同時兼具彈性、力與美的球員，生涯八度入選明星賽，並曾經三次成為明星賽票選的人氣王。因為不可思議的表現，讓卡特有一個霸氣十足的外號，「半人半神」！

彈性

　　彈性是灌籃中最重要的元素，卡特的彈性之佳，讓他的每次灌籃都頗有餘裕。一般的球員灌籃往往是將身體伸展至極限後將球扣進，然而卡特的灌籃卻是讓人感到一種遊刃有餘、毫無拘束的瀟灑感，就像完全不受地心引力的影響般，讓人看不到他的極限。

　　卡特的大學隊友就曾表示，其實卡特在場上的灌籃都是打保守牌，私底下玩起來更瘋狂！而他的北卡大隊友安東·傑米森（Antawn Jamison）則說：「我親眼見證過大學時代卡特完成各式各樣不可思議的灌籃，任何你想得到的灌籃，我們都會要求他做給我們看，甚至連籃板最上沿，他也碰得到。」

　　事實上，「彈性」不只是用來指一個球員的體能天賦，在各個領域中亦多有闡述。

　　在經濟學中有「價格彈性」，價格彈性運用得好，就能取得最大的經濟效益。

　　在管理學中有「組織彈性」，組織彈性設計得當，就能取得最大的管理效率。

　　在心理學中有「心理彈性」，心理彈性建設的好，就能培養最大的心理效能。

　　即使是在人際關係及個人職涯各階段的角色轉換中，也需要

彈性。卡特除了體能上的「彈性」足以名留青史外，他在角色轉換中的「彈性」，也是足以讓他人學習的。

在初入聯盟時，卡特在暴龍隊擔任超級新星，能夠一肩扛起球隊第一人的角色。之後來到了籃網隊，他也能夠甘於擔任球隊第二人，並扮演好最佳攻擊手的角色，即使到了職業生涯末期，他仍能以四十多歲的高齡，擔任球隊的角色球員，以及年輕球員的場上導師。

卡特在NBA待了長達二十二個球季的時間，為NBA史上打過最多球季的球員，是惟一一個能夠橫跨多個世代的傳奇球星。

雖然卡特的生涯中，並未為自己掙得過總冠軍及MVP等重要獎項，但只要談到灌籃，卡特絕對是多數人心目中的歷史第一人。

優勢

姚明　Yao Ming

　　當我們從外太空看地球時，只有一座建築能被看見，就是中國的「萬里長城」，而在2002年的NBA選秀會中，就有一座被喻為「長城」的中國籃球員，以選秀狀元之姿被選進了NBA。

　　有著過人的身高優勢，同時又有優異籃球天賦的姚明，從新秀球季開始，就被廣大的中國大陸球迷所簇擁，年年都高票被選為明星賽的先發球員，在NBA的八個球季中，每場比賽有著平均19分、9.2籃板的不俗表現。

　　姚明的身高淨高226公分，穿著球鞋量時可達229公分，過人的身高優勢，讓他在禁區攻防時能夠占到不少便宜，也因此，當他還沒打出成績時，人們質疑他的能耐，然而當他打出了成績，又有人開始質疑，如果姚明沒有這樣的身高優勢，他還能有這樣的籃球成就嗎？不就是在「賣高」嗎？

賣高？

不單是姚明會面對這種質疑，就連我們在公園的鬥牛場上打球，對於那些利用身高天賦吃人的球友，也常有人喜歡隨口酸一句：「賣高……」說得好像靠身高打球就不是一種實力似的。

確實，姚明得天獨厚的身高，是他在NBA能夠占得一席之地的利器之一，然而在所有競技運動的本質中，也都是在「賣」自己的最大長處：有速度的發揮速度，有彈性的展現彈性，有力量的施展力量，二百二十六公分高的姚明不賣高，難不成要賣萌嗎？

事實上，NBA的歷史裡並不乏身高超過二百二十公分的長人，但多為運動力緩慢的巨人，因為過高的身高並不一定是優勢，甚至會成為球員邁向卓越的絆腳石，除了速度及彈性的剝奪外，更會影響到在球場上的反應力。在籃球世界裡，最頂尖的中鋒很少身高超過二百二十公分。

姚明並不是NBA當中最高的一人，即使同在亞洲，南韓亦曾出現身高超過二百二十公分的NBA球員。然而這些長人的籃球成就，沒有一個比姚明更好。

姚明的球場影響力除了得天獨厚的身高外，還有少見的籃球智商及技術。從低位的進攻、策應、假動作、勾射到後仰投籃，都有著一般長人少見的細膩度。其生涯平均罰球命中率高達

83.3%，這個數字，比起大部分球隊的團隊平均罰球命中率都還要高，當對手違規得到罰球機會時，姚明往往是球隊的指定罰球員。

姚明在面對不同類型的對手時，可以採取不一樣的對位策略。面對矮一點的對手就「賣高」，瘦一點的對手就「賣壯」，強壯些的對手就「賣準」，衝動點的對手就「買犯」（騙罰球），其實這就是一種優勢策略的運用。

中國古代兵法講究以己之長，攻彼之短，戰國時代的軍事家孫臏亦曾在三戰兩勝的比試中建言：「今以君之下駟與彼上駟，取君上駟與彼中駟，取君中駟與彼下駟。」有智慧地採取避實擊虛的策略，澈底地發揮自己的優勢所在，拿下期望的目標及勝利。

在球場上優勢也許是高度，也許是速度，也許是準度，也許是技巧的細膩度。在職場上的優勢也許是態度，也許是工作的專業度，愈能掌握自己的優勢，並將它放到最大的人，就愈容易成功。無論是球場、商場還是職場，都是有賣點的人能占到最大的便宜，只要賣點夠有力又能妥善發揮，就能獲取源源不絕的經濟效益。

SWOT：優勢、劣勢、機會、威脅

在商業環境的優勢策略中，最為人所熟悉的，可能正是由舊金山大學管理學教授海因茨・韋里克（Heinz Weihrich）所提出之SWOT分析。SWOT所指的分別為優勢（Strengths）、劣勢（Weaknesses）、機會（Opportunities）、威脅（Threats）。

如何善用自己的優勢（Strengths）？

如何降低自己的劣勢（Weaknesses）？

如何把握可能的機會（Opportunities）？

如何避開可能的威脅（Threats）？

對姚明而言，身高上的優勢，優異的投籃手感，低位絕佳的投籃準度及廣度，高達83.3%的罰球命中率，都是屬於他的「優勢」。反之，體力、速度及較容易受傷的體質，就可能是姚明「劣勢」所在。

姚明加入NBA的時代，正巧是NBA中鋒人才凋零的時期，他抓住了這個「機會」，迅速成為聯盟中的代表性中鋒之一，五次以中鋒身分被選入年度球隊，並八次成為明星賽先發中鋒。然而，聯盟愈來愈快速的小球球風，就成了不少中鋒人才在球場上被定位邊緣化的「威脅」。

優勢、劣勢、機會、威脅，樣樣重要，也深深影響著一個人的競爭力。

事實上，從數字上來看，姚明並不是NBA史上最高的一位球員，然而他卻是最高的一位「明星球員」。像他一樣身高的其他球員，沒有一人在NBA的職涯表現得比他好。可以說，高不一定管用，還要懂得如何「賣高」才賣得好。

　　像姚明這樣能夠同時集身高及技術於一身的籃球巨人，即使是歷史悠久的中國，五千年或許也就只有這麼一個。

　　姚明於2011年宣布退休。2016年，姚明正式被送入籃球名人堂，成為史上第一位入選籃球名人堂的亞裔球星。而他在NBA休士頓火箭隊的11號球衣，也被火箭隊正式退休，高掛於火箭隊主場的豐田中心上。

　　姚明曾說：「要做的是手中的事，而不是面對雜音。」專心致力於自己熱愛又有優勢的事情，就能形成一種正向循環，引領自己獲得更多的自信與成功。

劣勢

麥斯‧波古斯　Muggsy Bogues

　　籃球是吃身高的運動，然而在NBA的歷史中，卻曾經出現過一位身高僅有5呎3吋（約160公分）的球員，最神奇的是，他還在NBA打上整整十四個球季、八百八十九場比賽，還有著不錯的成績。他是NBA史上最矮的球員波古斯。

　　一百六十公分的身高，不要說在NBA的球場上，就算是在你我所熟知的公園鬥牛場上，都是極為「迷你」的Size，但波古斯矮歸矮，身手可真不簡單，他擁有優異的助攻、抄截及控球能力，1993－94年球季是他的代表性球季之一，全季有著10.8分及10.1助攻的平均Double-Double成績，還有著4.1籃板的可怕績效，別忘記了，他僅有一百六十公分。

　　波古斯是如何找到他在球場上的影響力呢？回過頭來思考，矮小真的一定是劣勢嗎？那可不一定，正因為他太小隻了，所以他所遇到的對手，根本不習慣防守這樣身高的球員，反而讓他能

夠找到許多出其不意的角度及空間，創造出別人所無法複製的進攻方式。

　　僅有一百六十公分但速度飛快的波古斯，在球場上往往是對手最難捕捉其身影的一人，因為當他壓著身體控球時，對於其他人高馬大的NBA球員而言，在視覺上就像暫時消失了一樣，因此常常可以看到波古斯運著球鑽入對手防線中，把對手殺個措手不及。

　　1996年波古斯的黃蜂隊在對決尼克隊時，波古斯更是成功偷襲了7呎天王中鋒派翠克・尤因（Patrick Ewing），進行一次世紀性的火鍋封阻，成為史上矮個封阻天王中鋒最經典的鏡頭。

　　波古斯生涯平均有7.7分、7.6助攻的表現，他不但是史上最矮的球員，且幾乎沒有三分線能力，然而他卻靠著精湛的控球力及速度，加上其永不放棄的拚勁，讓他成為NBA史上的最矮奇蹟。

　　有人這麼評價波古斯：「儘管他身高一百六，在球場的作用卻不亞於一個二百三十的高大選手，因為他無處不在，無孔不入。」他的出現，帶給了所有人一個夢想，想要進入NBA，身高絕非問題！

身高不足看似是缺點，其實也能作為賣點

　　身高不足看似是缺點，其實也能有機會作為賣點，事實上波古斯並非惟一一個成功反轉了自己的身高劣勢，轉化為自己獨特賣點的球員。

　　斯普德‧韋布（Spud Webb）身高5呎7吋（約170公分），是NBA史上第三矮的球員，因為身高的關係，他從來就不是人們所重視的焦點。然而他卻抓住了明星賽周末灌籃大賽的機會，讓自己成為當年明星賽聚光燈的焦點。

　　1986年明星賽韋布報名參加灌籃大賽時，所有的球迷及媒體都大感意外，因為這種身高的小傢伙，光是能夠把球順利扣進就已經不簡單了，但談到要比賽灌籃，再怎麼樣也不可能有搞頭吧？

　　結果韋布在灌籃大賽中的表現，卻完全打破了眾人的眼鏡，從扔板後的空中接力灌籃、360度的單手扣籃，到彈地後的反手灌籃，都在這個矮小的身軀中被展現出來，驚人的彈跳力及扣籃創意，為韋布奪下了1986年的灌籃大賽冠軍，這屆的灌籃大賽，被認為是史上最經典的灌籃大賽之一。

　　在二十年過後的2006年明星賽中，又有另一個5呎9吋（約175公分）的矮個內特‧羅賓森（Nate Robinson），於灌籃大賽的舞台中成功展現了自己過人的體能天賦，還分別於2006年、2009

年及2010年的灌籃大賽中三度奪冠,成為史上得到最多次灌籃大賽冠軍的球員。

2011年選秀第六十順位的以賽亞‧湯瑪斯(Isaiah Thomas),官方身高5呎9吋,實際身高可能只有5呎8吋(約173公分),也成功活用了原先是缺點的身高,他透過與隊友的擋拆配合,將隊友及對手都當成了柱子,再藉由錯位及變速去拉開會構成障礙的防守球員,繞出了許多的得分空間。2016–17年球季,他全季的平均得分高達二十八‧九分,率領球隊打出東區第一的戰績,連續兩年被選入了全明星賽,成為史上最矮的明星球員。

這些矮個子球員,都用他們自己的方法,找到了屬於他們的方向,既然身高已經無法改變,那就找出身高以外的東西,想辦法去發揚光大。

劣勢變優勢、缺點變賣點

老天爺決定了一個人的先天條件,但這些條件究竟是劣勢還是優勢,是缺點還是賣點,卻見人見智。莎士比亞曾說:「我們往往因為有所恃而失之大意,反不如缺點來得對我們有所助益。」

其實優缺點是一體兩面的,即使原先是劣勢,也有可能轉變成我們的優勢所在,有時候我們以為它是缺點,說不定反而能夠

成為一個賣點，一切單看我們如何看待。就像身高矮小的波古斯，就成功把自已最迷你的「身高」，成了最大的賣點。

　　不少NBA的球員都曾經參與過電影的演出，而當中最具代表性的一部，為喬丹（Michael Jordan）與華納電影公司在1996年推出的《怪物奇兵》，在當年創造了高達二‧三億美元的票房佳績，而這支電影除了由喬丹主演外，更找來了當年在NBA較具代表性的五位球星演出，而波古斯正是其中一位，因為他象徵了一種拚戰精神及奇蹟。

　　要能認清自己的劣勢所在，但別因缺點而自我受限，試著從中找出改變的契機，劣勢就有可能變成優勢，缺點就有機會變成賣點。

　　身高矮一定是劣勢嗎？可以說，原先看似是劣勢的身高，卻成了波古斯獨一無二的招牌，別人想學還真學不來！

行動

雷吉‧米勒　Reggie Miller

　　想要在任何運動領域達到巔峰，後天的努力當然重要，然而如果沒有足夠的天賦作為根基，要成為傑出的職業球員並不容易。NBA為全世界最高的籃球殿堂，能夠在這個聯盟中擁有一片天的，都是天賦條件過人的體能怪獸。

　　然而卻有一個人，自小腿部發育畸形，需要穿戴矯正支架走路，無法像正常的孩子般恣意運動，醫生甚至認為他將來可能要坐在輪椅上度日。後來，他打破了這個禁錮，成了NBA的明星球員，他是NBA史上投出最多顆三分球的神射手米勒！

　　在先天體質不良的情況下，兒時的米勒仍然不放棄運動，就算戴著支架，一找到機會也一定要拉著身為職業球員的姊姊練球。幸好，老天爺並沒有剝奪米勒的行動力，隨著年紀漸長，米勒的雙腿發育愈來愈完整，已能開始正常地運動，而此時的他，也早已一頭熱地投入了籃球的世界中。

受限於天賦，米勒既不強壯，跑得也不快，也跳不高，他很清楚自己的天賦極限，於是他選擇了兩個努力的方向，第一個，勤奮地練習自己的三分球，第二個，勤奮地練習在球場上的跑位。

練習三分球，成了沒有強壯身軀的米勒最主要的得分來源，然而就算三分球投得再準，如果沒有出手機會也是枉然，而沒有體能優勢的米勒，並不適合在對手的頭上投籃，於是他開始學著在球場上不停地跑動，透過不停的跑位，為自己找到一次又一次的出手機會，沒有出手機會，就跑到出手機會出現為止。

米勒透過跑位加三分球的組合，找到了最適合自己的生存方式，這兩項利器的搭配，成了對手防守時最大的威脅，也讓對手在球場上必須耗上大量的體力疲於奔命。就是這樣的打球風格與態度，讓米勒成為一個時代三分球及空手跑位的典範。

Miller Time

強大的意志力及堅毅的個性，加上米勒有著人人所懼怕的關鍵時刻殺手特質，而有了「Miller Time」的傳說。說到NBA史上最扣人心弦的時刻，米勒的關鍵時刻表現絕對榜上有名，只要比賽尚未結束，而陣中又有米勒時，永遠都不會放棄希望，而對手也永遠不敢鬆懈。

1994年，東區決賽第五場，溜馬隊對上了尼克隊，這場比賽一開始米勒就不斷與尼克隊的大球迷導演史派克·李（Spike Lee）交換垃圾話，最後米勒在第四節狂砍二十五分，三分球五投五中，帶走了勝利。賽後隔天的頭條：「謝啦，史派克·李。」

　　1995年，東區決賽第一場，又對上了尼克隊，到了最後八·八秒時，溜馬隊仍然落後六分，比賽似乎已底定，米勒卻仍然不願意放棄比賽，他先砍進了一個三分球後，抓住了空隙的瞬間，又偷走了尼克隊的發球，頭也不回地退到三分線立刻再補上一記，追平比數。之後又搶下球權引誘尼克隊球員犯規，穩穩罰進了二分，於是短短八·八秒的時間，米勒就連得八分，帶走了勝利。賽後米勒送給紐約市一句話：「煮熟的鴨子還吃不到！」

　　1998年，東區決賽第六場，溜馬隊對上了如日中天的喬丹（Michael Jordan）公牛隊，最後的決勝時刻，米勒透過跑位後順勢推了喬丹一把，在接到隊友的發球後，立刻三分球拔起命中，絕殺了比賽。在當年，米勒是喬丹封王道路上最棘手的存在。

　　或許「Miller Time」同時也是一種「Killer Time」！

行動

　　米勒之所以能從一位原先不良於行的孩子，成為NBA球星，

就在於他的行動力，透過勤奮的三分球練習及跑位，找到了他的舞台。

事實上無論在哪個領域，如果只會坐而言、而不起而行，就難以找到新的契機，改變僵固的現況。

速食品牌麥當勞曾經面臨嚴重的虧損，甚至嚴重到影響麥當勞的存續問題，於是創辦人雷‧克洛克（Ray Kroc）立刻動身去尋找問題，最後他發現麥當勞不少的經理人有一項陋習，就是喜歡待在辦公室吹冷氣，靠在舒適的沙發椅背上紙上談兵。然而坐在辦公室裡，根本無法看到現場問題的全貌，使得很多實務的問題被忽略了。

於是克洛克立刻下令將所有經理人的椅背統統鋸掉，不准有舒適的椅子坐，這些經理人只好無奈地多多起來走動，自然也就走進了工作現場，才發現自己過去原來有這麼多的管理盲點。透過讓所有的經理人「行動」起來，麥當勞的營運績效，又神奇地起死回生了。

如果米勒因為自己的先天不良，而選擇認命地坐在椅子上，就沒有今天的米勒了。正因為他選擇了離開椅子，下了場努力地練習三分球，上了場努力地跑位找空檔，才有了今天的Miller Time。

2005年東區半決賽，是米勒生涯的最後一場比賽，即使已經

年近四十，他仍然全場飛奔，十六投十一中，砍下全隊最高的二十七分。當比賽還剩最後的十五‧七秒時，對手活塞隊教練賴瑞‧布朗（Larry Brown），刻意叫了一次暫停來向米勒致敬，此時溜馬隊主場的球迷全站了起來，用掌聲感謝米勒十八年來為溜馬隊付出的一切，數萬張的座椅上寫著：「Thank you Reggie.」

　　米勒孜孜不倦投入的行動力，讓一個原先不良於行的孩子，成了體壇不平凡的大明星。

健康

安芬利・哈德威　Anfernee Hardaway

　　NBA歷史上出現過不少才華洋溢、魅力超群的球星，卻因為傷病、意外等因素而失去了原本的光采，哈德威，可能更是當中最可惜的一個。

　　當喬丹（Michael Jordan）於1993年宣布退休時，當年以第三順位加盟魔術隊的哈德威，很快成為了當時最具潛力的超級新星，更被視為喬丹最有可能的接班人之一。

　　哈德威以6呎7吋（約201公分）的身高擔任雙能衛，不但有著優異的控球天賦及傳球靈性，再搭配過人的體能及進攻創意，最重要的，他那充滿魅力的比賽風格，很快就抓住了所有球迷的心，準備迎來一個屬於哈德威的新時代。

　　在第一個球季，哈德威就嶄露頭角，全季有著16分、5.4籃板、6.6助攻及2.3抄截的全能表現，到了1994-95年的第二個球季，哈德威更迅速成長到了巨星之林，全季有著20.9分、7.2助

攻、4.4籃板的傑出表現，除了被球迷選為明星賽的先發後衛，更在當年獲得了年度第一隊的殊榮。

1994－95年球季，哈德威與隊上的明星中鋒俠客‧歐尼爾（Shaquille O'Neal）聯手出擊，不但一路率領年輕的魔術隊殺入季後賽，更打敗了剛復出的喬丹及公牛隊，意氣風發地一路殺進了總冠軍賽。雖然最後並未奪冠，然而，在當時哈德威的人氣與聲勢已達到了高峰，讓他幾乎與喬丹平起平坐，成為聯盟中最受歡迎的新世代球星。

當時哈德威的評價有多高？他被認為是同時擁有喬丹進攻技巧及魔術強森（Magic Johnson）傳球靈性的天才型球星。

喬丹曾說：「哈德威是傳承NBA招牌的最佳人選。」

魔術強森則說：「當我和哈德威對陣時，感覺就像在和鏡中的自己周旋，我不是一個容易被打動的人，但他的確讓我印象深刻！」

一名同時受到喬丹及魔術強森肯定的年輕球星，幾乎已經提早預約了他的璀璨未來。

可惜的是，受到傷勢的影響，哈德威的全盛時期並太不長，讓他的籃球生涯從此蒙上了一層陰影。1998年喬丹宣布第二次退休時，該季哈德威因傷只出賽了十九場比賽，而該季也是哈德威最後一次被選入明星賽。

漫漫的受傷之旅

1996年，球隊中鋒歐尼爾被湖人隊高薪挖角，離開了魔術隊，讓這兩個備受期待的魔術雙星無法再攜手打造未來。哈德威也從此孤掌難鳴，並開始陷入過度的球賽負荷及傷病中。

1996－97年球季，哈德威全季仍然有著20.5分、7.1助攻、4.3籃板的全明星表現，然而在這個賽季的一場比賽中，哈德威忽然感到左膝不適而退場，之後被診斷為左膝軟骨損傷，必須動刀，至少需休養四周的時間。

沒了歐尼爾又沒了哈德威的魔術隊，戰力顯得疲弱不振，戰績節節敗退，為了力挽狂瀾，哈德威選擇只休養二十天就提前帶傷上陣。噩耗又來了！哈德威僅僅打了一場比賽，左膝的傷勢就再度復發，得再休養三周的時間。

然而，哈德威及球隊似乎沒有記取教訓，為了球隊的戰績、聲勢及票房，這個球季哈德威多次受傷，卻又多次強行帶傷上陣，打打停停了一整個球季。這個球季哈德威一共打了五十九場比賽。

這導致了哈德威的身體長久性的傷害，到了1997－98年球季，哈德威的比賽數據下滑到了只剩16.4分、3.6助攻、4籃板的平庸水準，全季僅僅打了十九場比賽。因為傷病，哈德威從此不再能夠回到往日的競技水準，也跌落了原先人們對他的預期高

度。

　才氣縱橫的哈德威，擁有著讓人稱羨的所有條件，卻因為不妥善的健康管理，從此跌落神壇，成為不少球迷心目中最令人感到唏噓的一顆流星。

健康

　NBA 史上不乏原先被寄以厚望，卻因為傷病而無法達到預期的球星。除了哈德威，有著「完美先生」之稱的格蘭特‧希爾（Grant Hill）、兩屆得分王崔西‧麥葛瑞迪（Tracy McGrady），以及史上最年輕的 MVP 德瑞克‧羅斯（Derrick Rose），原先都被視為聯盟中的未來巨星，卻都一樣栽在了自己大大小小的傷病中，影響了他們的籃球生涯發展。

　從西元前四百萬年起，人類就開始用雙腳走路，而健康的雙腳和身體，從此成為人類最重要的資產，對於健康的管理，也成為所有人及組織重視的課題。

　一個組織成功與否的關鍵，和其成員的健康有著絕對的關聯，也早已被納入企業人力資源管理中的範疇之一。相關研究指出，一個能夠好好照顧員工健康的企業，將創造超過 50% 的企業價值。健康管理除了可以降低員工的請假率及流動率，更能夠讓員工產生歸屬感及忠誠度。

重視健康管理的組織，員工會有更高的歸屬感及工作熱情，同時也會吸引優秀的人才進駐，且通過健康的管理，也讓組織成員的精力更充沛，直接強化了勞動的生產率。

　　而一個將身體視為資本的NBA球員，最佳狀態的健康身體，是球場上克敵致勝的最大本錢，更是球隊強盛與否的重要關鍵。

　　如果哈德威沒有受傷……

　　如果哈德威沒有帶傷上陣……

　　如果哈德威沒有失去他的健康……

　　或許哈德威就會走向一段全然不同的輝煌生涯。可惜沒有如果，失去的身體健康不容易再找回，而我們該做的，只能在自己身體最巔峰的時刻，好好保護及鍛鍊它，讓它陪我們走一段更長的路。

多工

凱文・賈奈特　Kevin Garnett

在NBA籃球的世界裡，最主要的攻守數據分別為得分、籃板、助攻、抄截、阻攻，這五項數據分別反應了五個不同領域的能力，雖然有不少球員能夠在其中幾項數據出類拔萃，卻鮮少有人能夠「五項全能」。

然而有一位球員，他的全能及多工，讓他不但占據了單一球隊（灰狼隊）的歷史五項數據之最，就算縱觀整段NBA歷史，他的這五項數據亦高居史上前五十，在整段NBA歷史中僅此一人。詭譎的是，他的全能及多工，似乎也成了球隊的瓶頸，讓球隊離總冠軍總是有些距離，他是賈奈特。

1995年，賈奈特以一個高中跳級生站上了NBA舞台，加入明尼蘇達灰狼隊，並在第二個球季就展露全能的身手，入選全明星賽，成為灰狼隊的當家台柱。

灰狼隊時期的賈奈特是個全能型的前鋒球星，從得分、籃

板、助攻、阻攻到抄截無所不能，更在2002-03年球季完成了一項創舉，當年他每場平均可以拿下23分、13.4籃板、6助攻，外加1.4抄截及1.6阻攻，這五項主要的攻守數據表現，皆為全隊之冠，等於他一人包辦了幾乎全隊攻守兩端的所有工作。

在灰狼隊的這十二年歲月裡，也是賈奈特個人數據最亮眼、影響力最強盛的時期，除了新人球季（1995-96年）及封館球季（1998-99年）外，賈奈特年年入選全明星賽，八次被選入年度球隊，八次被選入年度防守球隊，並曾在2003-04年球季獲選為年度MVP，賈奈特幾乎無所不能，一肩扛起球隊所有重責大任，主導了球隊攻守兩端的所有任務。

NBA退休名將查爾斯・巴克利（Charles Barkley）曾說：「任何一支擁有賈奈特的球隊，就算教練什麼都不幹也能拿下三十勝。」

賈奈特有多麼地全能？他擁有超過7呎（約213公分）的身高，卻不像一般的長人只能待在油漆區內，他有著禁區球員罕見的速度及彈性，能裡能外，能控球又能助攻。從中距離到三分線都能出手。在防守端，賈奈特幾乎年年入選年度防守球隊，曾連續四年稱霸籃板王頭銜，亦曾獲選為年度最佳防守員。加上他的速度及視野，讓他的防守圈不但能夠擴及整個禁區，甚至連三分線都在他的協防範圍中。

然而，在賈奈特亮眼數據的背後，卻是球隊不上不下的戰績，雖然球隊從1996－97年開始連續七年打進季後賽，卻連續七年都止步於季後賽第一輪，直到2004年才突破這個魔咒，殺進西區決賽後敗陣下來。然而接下來的連續三季，灰狼隊竟然連季後賽大門都打不進去，對比賈奈特的全能數據，這樣的團隊表現更顯諷刺。

孤狼不易成功，團隊才行

　　即使個人的表現再好，為球隊的貢獻再多，賈奈特仍然無法以一己之力將冠軍的榮耀帶給灰狼隊。改變的時刻似乎到了，2007年他就被以一換七，來到了波士頓塞爾堤克隊。

　　2007－08年在轉隊後第一個球季，不同於灰狼隊時期的孤軍奮戰，這支球隊擁有聯盟的頂尖射手及各位置好手在陣中，賈奈特不用像過去一頭孤狼般地疲於奔命，可以將大部分的進攻及助攻任務，交給他的隊友，自己則能專注於禁區及防守能量的挹注上。

　　賈奈特的數據雖然下滑到「只有」18.8分、9.2籃板、3.4助攻、1.4阻攻、1.3抄截，但卻幫助球隊拿下全聯盟最佳的六十六勝戰績，他不但入選年度第一隊及防守第一隊，拿到了生涯的第一座年度最佳防守球員獎項，最終全隊更眾志成城地拿下2008

年的NBA總冠軍。實現了他的冠軍夢。

在NBA的歷史上，有不少代表那座城市精神的頂尖球星轉隊，對於球迷來說，轉隊有時候就像是一種背叛行為，曾經還有球迷焚燒原球隊球衣的新聞出現。

賈奈特的轉隊無疑是一個特例，大部分球迷送上的是祝福。當賈奈特在波士頓拿到冠軍的那刻，象徵塞爾堤克隊的綠色彩帶全場飛揚，掉下英雄淚的賈奈特卻在受訪時感動地大喊：「This is for Sota!」願將這份榮耀與明尼蘇達分享。

全能與多工？

那麼，為何如此全能又多工的賈奈特，在其全能身手最巔峰時期，反而難以成就冠軍夢？

經濟學家亞當・史密斯（Adam Smith）亦指出「分工」的重要性，分工不但能提升生產力，讓資源得到最適當的配置，更可說是經濟發展的根本。所以，當所有的工作都交到一個人手上時，這個人的「多工」反而阻礙了經濟的效率。

此外，亦有神經學家指出，其實人類很難做到一心多用、多工處理各項事務，大部分的時候，所謂的多工，並非「同時」完成所有的事，而是快速地切換任務罷了。這樣的情況下，反而讓每項關鍵任務得到的能量或多或少都被稀釋了。

籃球是團隊運動，只憑一己之力難以成就冠軍，即使一個領袖再怎麼全能多工，他就只有兩隻臂膀、一天二十四小時。無論是球場還是職場，能夠成功的團隊，領導者都不會將所有的工作往自己身上扛，也不會拚命去補強自己的每一項弱點。而是學會接納自己的不足，找到足堪重任的隊友並信任他，再將自己放到最適合的位置上，聚焦於自己最有把握且關鍵的任務中。

　　所以，當賈奈特一肩扛起球隊得分、籃板、助攻、抄截、阻攻所有的任務時，也意味著球隊必須靠他一個人，不停地切換任務角色，疲於在各種角色及任務間轉換，如此就不太可能成就一支冠軍球隊了。

　　擁有「多工」的才華是美事，但也不能忽略了「分工」的重要。

基石

提姆・鄧肯　Tim Duncan

　　「基石」原先指的是一棟建築物最根本的基底，用以支撐整座建築的落成，也可比喻為最重要的基礎及骨幹。

　　這樣的意涵可被運用在各個領域，而在NBA中，談到最能作為球隊「基石」的球星，多數人心中的第一順位，無疑就是有著「石佛」之稱的鄧肯。

　　從1997年鄧肯以選秀之姿加入馬刺隊後，他就是球隊的不動基石，整整長達十九年的職業生涯都在馬刺度過，為球隊攻下五座總冠軍，拿下二座年度MVP，十五度入選明星賽，十五度入選年度球隊，十五度入選年度防守球隊，更以71%的高勝率為馬刺隊拿下一千零七十二勝，是NBA史上惟一能為單一球隊拿下千場勝利的球星。

　　鄧肯與總教練格雷格・波波維奇（Gregg Popovich）的組合，聯手拿下超過千場的勝場紀錄，這勝場紀錄也是教練與球員組

合的史上第一，而鄧肯與其左右手東尼‧帕克（Tony Parker）及馬紐‧吉諾比利（Manu Ginobili）組成的GDP三人連線，也是NBA史上拿下最多勝場數的三人組合。

穩定、忠誠、強大，是鄧肯這十九年馬刺生涯的最佳寫照。

雖然貴為聯盟中的招牌球星，他從打球風格到退休方式，卻都極度低調內斂，沒有炫目的球技，在攻守兩端都用最穩健的方式貢獻影響力。此外，也沒有感人的退休預告，沒有華麗的巡迴演出，就像他的外號「石佛」一樣，樸實無華。

鄧肯曾說：「我從來不改變自身本質去取悅他人，我就是我自己。」

基石的特質：穩

能成為基石的人才，其中一項相當重要的特質，就是要夠「穩」，無論是在球技還是人格特質上。

鄧肯被認為是史上最佳、也是最穩的大前鋒。他的進攻技巧全面，從背框的單打到兩側的出手、短勾，無一不精，不花俏卻招招致命，數十年如一日，也為他的傳奇生涯寫下不少可觀的紀錄。

鄧肯的個性沉穩又低調，在球場上無論是將球灌在對手頭上，或是將對手的進攻封阻了下來，都不像其他的球員會嘶喊一

下提振士氣，鄧肯通常只會面無表情地專注於下一次的攻守中。

為什麼？因為鄧肯認為，他可不想在囂張之後激起了對手的鬥志，更可怕的是，若對手回敬成功，自己不就會更糗，且那對於完成任務真的不具意義。

他的對手曾這麼評論他：「我可以對任何人說垃圾話，但對上鄧肯，他只會一副很無聊似地看著我自言自語，那可真掃興。」

多數的教練認為鄧肯是場上最好的領袖，最大的主因就在於他穩定的球技及成熟的個性。他從來不會在場上做無謂的衝突，而是專注在比賽中。

有人說，偉大球星真正的戰場是在季後賽，而鄧肯在季後賽的表現，說明了他有多穩定。

鄧肯在季後賽出賽超過九千二百分鐘，NBA 史上第一。

鄧肯在季後賽一共送出五百六十個阻攻，NBA 史上第一。

鄧肯在季後賽一共完成一百六十場的 Double-Double，NBA 史上第一。

一個人在季後賽的勝場數，比聯盟中其他二十二支球隊還多。

鄧肯及他的馬刺隊，在這十九個球季都以優異的戰績打入季後賽，年年都是爭冠的熱門之一，他們被視為打造常勝軍的典

範，要知道，想打造一支強達五年的球隊已不簡單，更何況是十九年？這支球隊究竟有何獨到之處？

基石人才是資產，不是商品

一般球星簽約少則一、兩年，能簽到五年已經算是相對長期穩定的合約。因此大多數的球團將球星視為一項「商品」，在合約期間，盡可能讓球星上場主導比賽，將商品的價值最大化。

鄧肯及馬刺隊卻走了另一種完全迥異的風格。他雖然貴為招牌球星，卻相當地「養生」，打從二十八歲開始，他長達十二個球季的平均上場時間不超過三十五分鐘，且鮮少打滿整個球季的比賽場次。球隊還會安排陣中的主力球員「輪休」，在上場時間及出賽場次上輪流休息。一來休養體能降低球員受傷的可能，二來也提供陣中新人及替補更多磨鍊的機會。

這樣韜光養晦的團隊風格並不是沒有人批評，甚至還曾被聯盟開出罰單，因為聯盟認為球星是「商品」，隨意讓球員休息會傷害聯盟的商業利益。然而其實這支常勝軍根本不這麼認為，人才不是「商品」，而是需要長期保養的「資產」，考量的不該是短期商業利益，而是永續的長期競爭力。

主力球員流動率低，放假放得多，球員向心力又高，這支球隊能不強嗎？

美國鋼鐵大王卡內基（Andrew Carnegie）曾說：「拿走我的工廠、我的機器設備，拿走我的錢；但請將我的人才留下，不用兩、三年，我將再度擁有一切。」

一個足以成為基石的人才，永遠是組織中最重要的資產，想保有長期競爭力，第一點你得先提升基石人才的價值，第二點你還得留得住這些基石，第三點你還得維持住這些基石的健康。

如果一個組織總將人才視為一種「費用」或「商品」，講究短期的回收效益，這種組織的競爭力一定難以永續。只有當組織願意將人力當成基石，視為一種「資產」，講究長期的培育價值，才有機會打造為永續型組織。

想打造一支強達五年的球隊，只要願意砸錢，挖來幾個球星就有機會；但想要像鄧肯及馬刺隊一樣，打造一支強達十九年的球隊，不學會永續地育才留才，打造基石型人才，根本不可能。

鄧肯及馬刺隊這十九年的故事，無疑是最經典的常勝軍教科書。

創意

傑森·威廉斯　Jason Williams

　　在NBA的歷史中，不乏具有開創性助攻風格的控球後衛。控衛史祖鮑伯·庫西（Bob Cousy）的助攻是一種革新的藝術、魔術強森（Magic Johnson）的助攻是一種華麗的魔術、約翰·史塔克頓（John Stockton）的助攻是一種精準的手術，而威廉斯的助攻則像是一種駭人的妖術！

　　如果單單談到助攻的「創意」，威廉斯可能無人能出其右。他在1998年的選秀會上，以第七順位被國王隊選中後，他打球的風格及助攻的創意，讓他立刻成為球場上的焦點、球場下球迷茶餘飯後的話題，更搶占了每日的好球精選。

　　他的助攻創意及選擇不但讓對手摸不著頭緒，甚至連自己的隊友都會出其不意而被嚇到。有不少的球迷戲稱，威廉斯是個「一人拿球、九人緊張」型的控球員，他不按常理出牌，不單單對手提心吊膽，連自己的隊友也摸不著頭緒。

威廉斯能夠在一次的助攻中放進三到五個假動作,他能夠在一個背後傳球的動作後,讓球往不可能的反方向跑去,他能夠在球傳出去後,對手還不確定球的去處。他將人、球、地板作了奇幻的連結,帶領球迷來到一個奇幻的妙傳世界,單以助攻的創意及觀賞性而言,實在難有其他的球員能夠超越他。

NBA是一場籃球秀,當然重視觀賞性及話題性,威廉斯的出現,無疑為人們找到了新的焦點及話題,更打破了原先人們對於助攻的認知侷限。

然而NBA也是一場比賽,當然重視勝負及實用性,在國王隊的三個球季裡,威廉斯充滿表演性的球風,雖然帶來了高話題性,卻也同時帶來了居高不下的失誤率,更影響了球隊的戰績,有時在比賽的關鍵時刻,教練甚至不趕放他在球場上,這麼做則打擊了威廉斯的聲勢。

最後,為了球隊的戰績著想,國王隊毅然決然將威廉斯交易到灰熊隊,以換來更加穩健的控衛,找到球隊想要的實戰力。

當創意無法轉化為球隊戰績時

威廉斯是少數能夠為籃球帶來全新視野的天才,無奈他讓人瞠目結舌的傳球,始終難以完全轉化為球隊的戰績。

要知道,威廉斯並不是個只會譁眾取寵的球員,這些高難度

助攻的背後，是以威廉斯深厚的控球及傳球功力作為基礎，才能在實戰比賽中傳出這樣的球。

事實上，他在四歲的孩提時期，就已經能夠熟練地控制著手上的那顆球，擁有超過所有同儕的控球天分，到了中學後，更是一頭栽進籃球的世界，整天抱著那顆球泡在球館裡。

然而，他的創意籃球終究還是被交易出去了。離開國王隊來到灰熊隊後，威廉斯開始學習在「戰績」及「表演」中尋找新的平衡。他大幅度改變原先毫無極限的打法，不再只專注在助攻的創意上，也更著重助攻的效率，開始展現出過去沒有的助攻穩定性。

在國王隊的三年裡，他的場均助攻是6.3次，卻同時帶來了平均2.9次的失誤。在灰熊隊的四年裡，他的場均助攻來到了7次，失誤則降低至2.2次，成為一個擁有更多實戰價值的球員。

在不少人的心目中，威廉斯最耀眼的時刻，一定是在無拘無束下打出來的創意籃球，然而當創意無法化為戰績時，可能就是調整的時刻了。一直以來，威廉斯並沒有完全放棄他的助攻創意，然而他卻開始懂得兼顧助攻的效率以及球隊的戰績。

創意

「創意」被視為是所有創新及進步的動力，惟有啟發更多的

創意，才能獲得更多進步的機會。然而事實上，絕大部分的「創意」，都很難化為實際的價值，而最終能夠獲得多數人肯定的創意，更是少數，而創意要成功，是需要某些條件的。

學者埃弗里特‧羅傑斯（Everett Rogers）在創新擴散理論中指出，一項創意或創新，需經過一段時間及特定的管道擴散至整個社會網絡，而最終會否形成流行，或被群起仿效，最重要的一個關鍵，就是這些創意是否能夠得到早期使用者的肯定，並形成一定程度的價值。

換言之，如果威廉斯所使用的助攻技術，利大於弊，且成功為球隊創造更多的機會，拿下更多的勝利，那麼威廉斯的助攻風格，就有機會形成一股新的流行，供其他球員及後輩模仿。

就像庫西及魔術強森，都是各自時代裡的助攻技術開創者，同樣都是標新立異者，然而庫西生涯拿下六次總冠軍，魔術強森亦拿下五次總冠軍，所以他們的球風及助攻，便有了掌聲及認同。

如果我們的創意，無法跨越那道「鴻溝」，被驗證為具有可行性及價值性，創意就不容易成功。

如果「後仰跳投」只會降低命中率，無法擴大投籃的視野，就不會有人仿效。

如果「花式助攻」只會增加失誤率，無法欺敵及提振士氣，

就不會有人追隨。

如果「花式灌籃」只會增加受傷率，無法吸引觀眾目光，就不會有人使用。

到了職業生涯末期，威廉斯幾乎將他鬼魅般的助攻給冰封了。而他所留下的那些充滿創意及想像力的助攻影像，早已深深烙印在當代球迷的心中。

NBA戰場得勝智慧
36位偉大球星的思維 × 策略 × 實踐
（原書名／NBA X MBA：36位NBA巨星球場上的職場生存和自我管理智慧）

作者	紀　坪
插畫	看光光
主編	劉偉嘉
校對	魏秋綢
排版	謝宜欣
封面	萬勝安
社長	郭重興
發行人	曾大福
出版	真文化／遠足文化事業股份有限公司
發行	遠足文化事業股份有限公司
地址	231 新北市新店區民權路 108 之 2 號 9 樓
電話	02-22181417
傳真	02-22181009
Email	service@bookrep.com.tw
郵撥帳號	19504465 遠足文化事業股份有限公司
客服專線	0800221029
法律顧問	華陽國際專利商標事務所　蘇文生律師
印刷	成陽印刷股份有限公司
初版	2020 年 9 月
二版	2023 年 4 月
定價	350 元
ISBN	978-626-96958-1-2

國家圖書館出版品預行編目 (CIP) 資料

NBA 戰場得勝智慧：36 位偉大球星的思維 × 策略 × 實踐／紀坪著.
-- 二版 .-- 新北市：真文化，遠足文化事業股份有限公司, 2023.04
　　面；公分 --（認真生活；14）
ISBN 978-626-96958-1-2(平裝)
1.CST: 職場成功法 2.CST: 運動員 3.CST: 籃球
494.35　　　　　　　　　　　　　　　　　　112002971